SYNTHETIC BIOLOGY

합성생물학

김영창 · 노동현 · 김용대 · 김양훈 지음

충북대학교 출판부

서 문

일생을 바칠 만한 가치 있는 주제를 찾았느냐는 지우의 말이 뇌리를 떠나지 않고 있었다. 새천년의 화두였다.

돌이켜보건대, 1980년대 초 나는 은사님이신 서울대 강현삼 교수님의 지도하에 유전공학 연구에 몰두하였다. 이 시절 은사님은 새로운 학문인 유전공학의 국내 보급을 위해 헌신적으로 노력하셨고, 우리나라 생명과학/공학을 한 단계 끌어올리는데 결정적 역할을 하셨다. 나는 이즈음 유전자의 서열을 밝혀내고, 여기에 담긴 의미를 찾아내기 위하여 컴퓨터를 활용하기 시작하면서 생명과학/공학에서의 컴퓨터 활용의 중요성을 깨닫기 시작했다.

1990년대 초 생명정보학 도구의 개발과 보급을 위해 노력하면서 1993년 한국분자생물학회의 분자생물학뉴스지에 '컴퓨터와 분자생물학'이란 칼럼을 통해, 그리고 강의를 통해 (생명정보학 개론 강좌 개설, 1999학년도 1 학기; 열린사이버대학 온라인 강좌 개설, 1999학년도 1 학기) 생명정보학 인력 양성에 힘을 쏟았다.

새천년이 시작되었다. 여생을 바칠 만한 가치 있는 주제를 찾아 계속 방황하던 나도 이제 영원히 머무를 자리를 잡는다. 2000년 3월 20일자 충북대신문에 기고한 '새천년을 준비하며'라는 기고문에서 융합과학, 복합과학에 대한 대비를 역설하였고, 이어 충북대 수학과, 통계학과, 물리학과, 화학과, 컴퓨터과학과, 그리고 생명과학부의 교수 10여명이 학제간 연구를 위하여 2000년 7월 19일 bioinformatics group (BIG)을 결성하였다. 이 그룹을 주축으로 2001년도 과학재단 신규우수연구센터 사업에 '인공세포, 최소세포와 가상세포'를 주제로 지원하였으나 낙방하고 만 것은 못내 아쉬움으로 남는다.

2001년 3월 5일 충북대신문에 기고한 '유전공학기술 어디까지 왔는가? - 인간 복제와 생명체 창조'라는 글과, 'Bio-complex network과 생명정보학'(물리학과 첨단기술, 2001년 3월), '인공세포와 가상세포 기술개발 동향 및 전망' (보건산업 기술동향, 2001년 12월), '인공세포기술과 가상세포기술' (Life Science & Biotechnology, Takara Korea, 2004년 3월) 이라는 제목의 글을 통해 인공합성세포 연구의 중요성을 역설하였으며, 2003년 과학기술부의 국책연구개발 기술수요조사 때 '인공세포기술'을 건의하였으나 반영되지는 못했다.

이즈음 2004년 최초의 합성생물학 관련 국제학술대회인 'synthetic biology 1.0'이 미국 MIT 대학에서 개최되면서 세계가 빠르게 변화하기 시작하였다. 유럽연합에서는 합성생물학의 무한한 잠재력과 가능성을 인정한 보고서가 채택되며, 연구비 지원이 2005년부터 본격적으로 시작되었다.

이러한 격변기에 나는 도전과 실패의 연속 속에서 좌절과 시련을 딛고 참으로 힘든 세월 속에서도 한 가닥 희망의 끈을 놓지 않았다. 스스로 할 수 있는 일부터 하자. 뜻을 같이 하는 사람들을 모으고, 힘을 합치는 일이 무엇보다 중요하다. 이러한 생각으로 BIG 그룹이 중심이 되어 합성생물학회를 창립하고, 기념 국제학술대회 (SynBio 2005) 및 워크숍 (SLife 0.5)를 2005년 2월 23일-25일 개최하여 저변 확대에 노력하였다.

이러한 노력들이 이제는 조금씩 그 결실을 맺어가고 있나 보다. 과학기술부는 2007년 제2차 생명공학육성기본계획에 합성생물학의 중요성을 반영하고 있어 아주 다행스러운 일이라 아니 할 수 없다. 이제는 이를 실천하기 위하여 합성생물학 연구 및 교육에 관한 본격적인 국가적 지원책을 조속히 마련해야 할 것이다. 대학에서는 인재를 키워내기 위해 합성생물학 강좌 개설과 함께 전문적인 교육 프로그램을 설치하는 것이 중요하다. 합성생물학 강좌를 충북대 생명과학부에 개설 운영 (2005학년도 2학기, 2006학년도 2학기) 하였으며, 온라인 강좌도 2회 (한사이버대학, 2005학년도 2학기; 열린사이버대학, 2007학년도 1학기) 개설 운영하였다. 그리고 2년간의 좌절 끝에 충북대 대학원에 학과간 협동과정 형태로 합성생물학과를 2008년에 설립하게 되었다.

교육을 위해서는 강의 교재가 필수적인데, 합성생물학에 관한 교재는 원서조차도 없는 형편이기 때문에 강좌 운영 경험을 살려 합성생물학 교재를 집필하게 되었다. 본 교재는 14장으로 이루어져 있으며, 1-6장은 합성생물학의 개념 및 주요 특성(시스템적 관점, 합성법, 공학적 접근)과 기본 목표를 다루었고, 7-11장은 합성생물학의 주요 구체적 기술, 그리고 12-14장은 합성생물학의 성과, 활용분야, 그리고 미래로 구성하였다,

합성생물학은 아직 완전히 정돈된 학문 영역이 아니라 지속적으로 변화 발전해 나갈 분야이며, 최첨단 신기술 미래학문이다. 따라서 이 교재는 일부 어려운 문제를 다루기도 하고, 또한 깊은 지식을 요구하고 있기도 하나, 반대로 일부는 논리적, 원론적 수준에서 그 가능성만이 언급되고, 구체성이 결여되어 있음을 지적하지 않을 수 없다. 그러나 이 교재의 더

큰 목표는 세부적인 기술이나 지식의 전달이 아니라 우리 학생들에게 미래에 펼쳐질 새로운 세계를 일깨워줌으로써 보다 밝은 희망과 원대한 꿈을 갖고 창의적이며, 도전적인 삶을 살아갈 수 있도록 인도하는 나침판의 역할에 있음을 이해해 주기 바란다.

이러한 의미에서 각장의 첫 쪽에 합성생물학 관련 국제학술회의, 학생경연대회, 보고서 등 주요 이벤트들을 날짜순으로 정리하여 보았다. 합성생물학의 흐름을 읽는데 도움을 줄 것으로 기대한다. 그리고 처음에는 다소 어색하더라도 자주 쓰면 자연스러워지는 것이 언어이기 때문에 용어는 가급적 우리말로 표현하고자 노력하였다. 색인도 한글과 영어 두 부분으로 나누어 정리하였다.

책을 펴내기까지 함께 고생한 노동현 교수, 김용대 교수, 김양훈 교수, 충북대학교 대학원 합성생물학과 1회 입학생인 임미선 양과 이상희 양에게 고마움을 전하며, 이 책을 출판할 수 있도록 용기를 북돋아 준 충북대 출판부와 한국합성생물학회에 감사의 뜻을 표한다.

2008년 7월

SynB (신비) 연구실에서

대표저자 김 영 창

목 차

1장 21세기 생명과학/공학의 새로운 도전

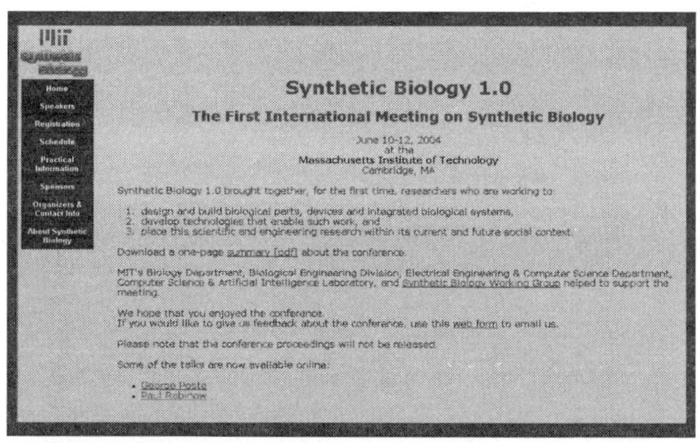

제1회 합성생물학 국제학술대회 (Synthetic Biology 1.0)가 2004년 6월 10일 미국 MIT 대학에서 개최되었다. 합성생물학 관련 세계 최초의 학술대회라는 점에서 그 의의가 깊다.

1장 21세기 생명과학/공학의 새로운 도전

> **학습목표**
> 20세기의 생명과학/공학의 발달과정을 이해하고, 현재의 생명과학/공학이 지니고 있는 한계점을 인식하며 미래의 생명과학/공학이 나아가야 할 방향을 논의하여 보자.

1.1 생명과학의 환원주의적 접근

생명과학은 생명체가 무엇으로 이루어져 있고 어떻게 살아가는지와 같은 생명의 근본원리에 대하여 연구하는 학문이다. 생명과학을 연구하는 초기의 과학자들에게는 생명이라는 것이 너무도 신비롭고 어려운 대상이기에 생명체 자체를 연구하기 보다는 그것을 이루고 있는 구성요소를 연구하여 이를 바탕으로 생명체 전체 시스템을 이해하고자 하였다. 이처럼 생명과학도 물질과학과 마찬가지로 환원주의적 접근에 의해 발달해 왔다(그림 1.1).

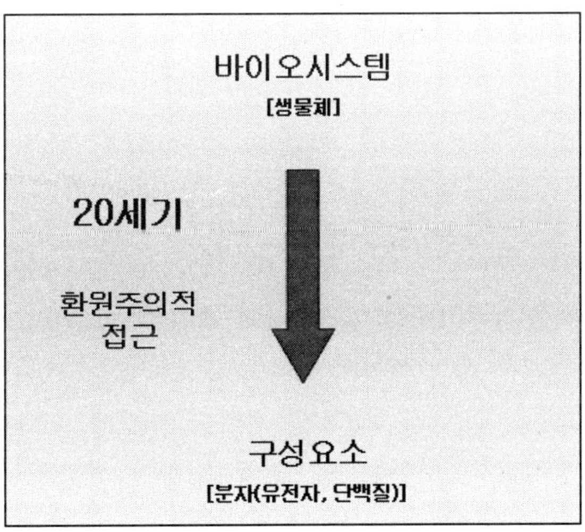

그림 1.1 생명과학의 환원주의적 접근

생명과학에는 많은 분야가 있고 모두 중요한 분야임에는 틀림이 없지만 20세기의 생명과학/공학을 대표하는 분야가 분자생물학과 유전공학임을 부정하는 사람은 없을 것이다. 분자생물학은 생물체를 분자 수준에서 이해하고자 하는 학문으로 환원주의적 정신이 그대로 반영된 것이다. 이러한 분자생물학의 기초적인 연구결과들을 산업적, 공학적으로 이용하고 있는 분야가 유전공학이다.

생물체에서 가장 중요한 역할을 하는 분자에는 DNA, RNA, 단백질, 그리고 많은 대사물질(metabolites)이 있다. 초기의 분자생물학은 하나의 유전자 혹은 하나의 효소 단백질과 같은 소수의 분자들을 다루기 시작하였다. 그리고 그 결과 생명의 가장 근본이 되는 중심설(central dogma), 즉 DNA에 담겨져 있는 유전정보가 RNA를 거쳐서 단백질이 만들어지게 되고 이 단백질이 세포내에서 생화학 반응을 일으켜서 여러 가지 필요한 대사산물을 만들어낸다는 것이 밝혀지게 되었다.

그림 1.2 환원주의적 접근의 한계

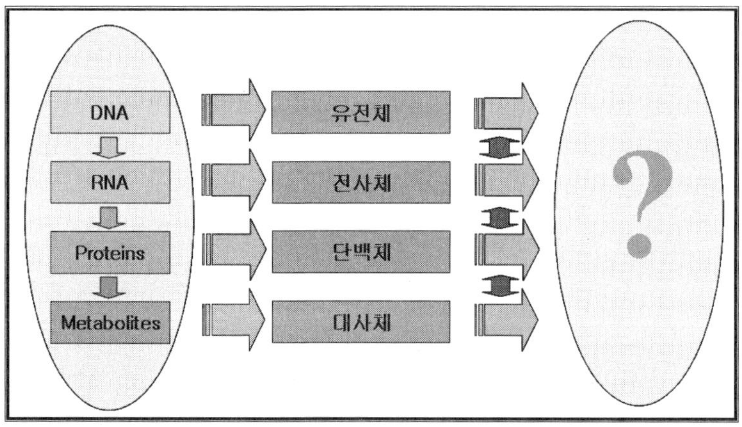

분자생물학 지식이 축적되고 또한 신속하게 대량으로 분석할 수 있는 새로운 기술이 개발됨에 따라 학자들의 관점이 하나의 유전자로부터 모든 유전자를 뜻하는 유전체(genome)로 변하였다(그림 1.2). 이러한 변화는 모든 RNA를 뜻하는 전사체(transcriptome), 모든 단백질을 뜻하는 단백체(proteome), 모든 대사산물을 뜻하는 대사체(metabolome)에 관한 연구를 촉진시켰다. 이러한 연구들로 인하여 인간의 유전체 정보를

비롯하여 전사체, 단백체, 대사체 등의 구성요소에 대한 정보들이 쏟아져 나왔지만 이것을 토대로 생물체의 전체 시스템을 이해하기는 어려웠다(그림 1.2). 왜 그럴까? 예를 들어보자. 다이아몬드와 흑연은 모두 탄소로 이루어져 있다. 구성요소가 탄소라는 점에서는 같지만 서로 어떻게 결합하고 있느냐에 따라 다이아몬드가 될 수도 있고 흑연이 될 수도 있다. 이처럼 구성요소를 이해하는 것만으로는 시스템을 이해하는데 한계가 있고, 따라서 구성요소들이 어떻게 상호작용을 하며 시스템을 구성하는가와 같은 시스템 관점의 새로운 연구가 필요하다.

1.2 통합주의적 흐름의 대두

환원주의적 접근의 반대적 개념이 전인주의(wholism) 또는 통합주의적 접근(integrative approach)이다. 전인주의를 가장 분명하게 보여주는 것은 '부분의 합은 전체가 아니다'라는 말로 아무리 부분을 정확하게 이해했다 하더라도 전체를 이해하지는 못한다는 의미이다. 따라서 21세기의 생명과학/공학에서는 시스템으로서의 생명체를 연구하려는 새로운 시도와 더불어 구성요소들을 통합하여 시스템 수준에서 파악하려는 통합주의적 접근이 나타나게 된다(그림 1.3).

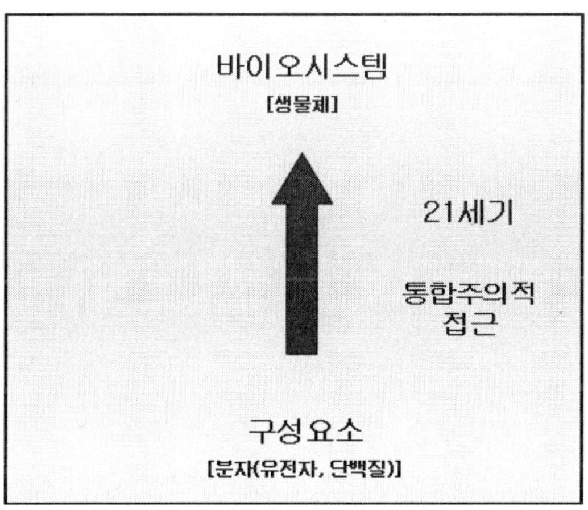

그림 1.3 생명과학의 통합주의적 접근

생물체 중에서 제일 잘 밝혀진 것 중의 하나인 대장균을 예로 살펴보자. 아주 작은 미생물인 대장균이지만 약 4,000개의 유전자가 존재한다. 또한 어떤 특정시기에 만들어지는 전사체는 2,000-3,000개 정도이며, 단백체는 1,500-2,000개 정도, 대사체는 800-1,000개 정도가 된다. 우리가 하나의 유전자 또는 하나의 단백질을 볼 때에는 고전적인 생명과학적 분석으로도 가능했지만 이처럼 수많은 구성성분들 사이의 상호작용을 본다는 것은 어마어마한 일이여서 사람의 머리론 이해하기 불가능했다. 그리하여 자연스럽게 컴퓨터과학과 같은 다른 학문영역과의 융합이 필요하게 되었다. 이를 이용하여 각 구성요소들의 상호작용을 모델링하고 가상공간에서 시뮬레이션으로 가상세포의 시스템 성격을 알아본 후 이를 다시 실제 세포에서 확인, 비교하는 구를 할 수 있게 되었다. 이러한 시스템적 정보를 활용하여 가상공간이 아닌 실제 시험관에서 만들어낸 합성세포(synthetic cell)는 가상세포와 더불어 생물체의 시스템적 성격, 성질, 특성을 이해하는데 필수적인 도구라 할 것이다(그림 1.4).

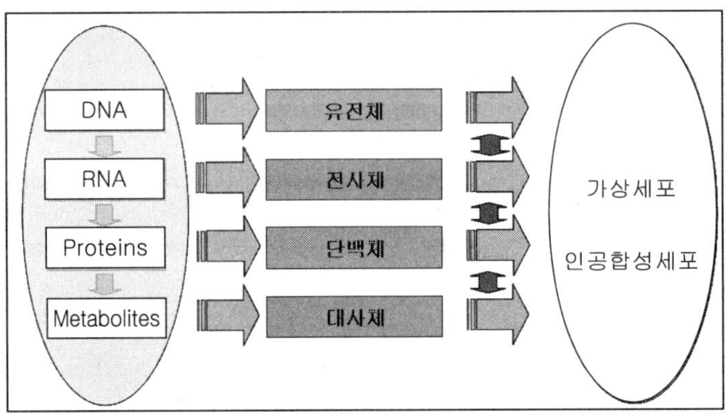

그림 1.4 모델링과 합성을 통해 만들어지는 가상세포와 합성세포

1.3 시스템생물학과 합성생물학의 탄생

21세기의 생명과학/공학은 생물체를 시스템 수준에서 이해하여 이를 바탕으로 바이오시스템을 실질적으로 합성해봄으로써 생명현상을 이해하고 이를 산업적으로 이용하고자 하는데 의미를 두고 있다. 20세기의 환원주의 생명과학을 이끌어 왔던 두 주역인 기초분야의 분자생물학과 응용분야의 유전공학이 각각 21세기의 통합주의 생명과학에서는 기초분야의 시스템생물학과 응용분야의 합성생물학으로 발전되고 있음을 알 수 있다 (그림 1.5).

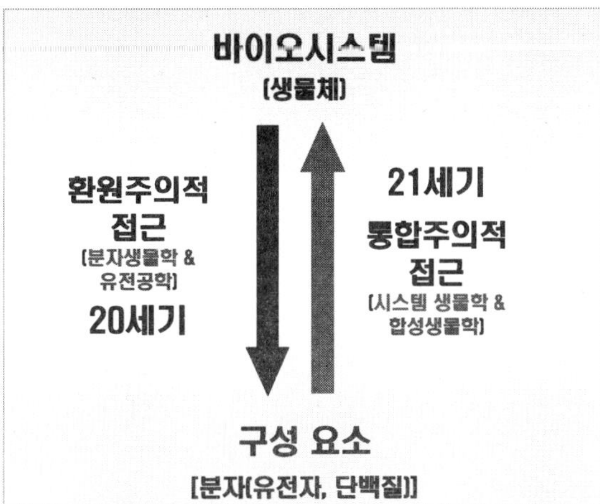

그림 1.5 시스템생물학과 합성생물학

시스템생물학과 합성생물학은 단순한 20세기의 생명과학적 접근으로는 불가능한 융합학문으로서의 성격을 띠고 있다는 것에 중요한 공통적 특징이 있다. 시스템생물학에서 시스템을 이루고 있는 수많은 정보들을 분석하고 각 구성요소들의 상호작용을 이해하기 위하여 정보과학의 도입이 필요하다. 즉, 시스템생물학은 생명공학(BT, biotechnology)과 정보공학(IT, information technology)의 협력이 반드시 필요한 BIT 융합영역이라고 할 수 있다. 또한 합성생물학의 경우도 생명공학, 정보공학, 나노공학(NT, nanotechnology) 등 세 영역의 융합이 반드시 필요하다. 합성생물학의 경우에는 가상적으로 만들어진 모델을 실질적으로 합성해야 하며 이 단계에서 매우 작은 세포들을 다뤄야하기 때문에 BINT의 협력이 필요하다. 이처럼 현대 생명과학은 생물학뿐만 아니라 수학, 전산학, 화학, 물리학, 공학, 의학 등 많은 학문 영역의 융합을 필요로 하는 분야가 되었다. 따라서 21세기의 생명과학/공학의 주역이 되기 위해서는 모든 학문을 폭넓게 공부하는 자세가 필요하다.

학습정리

1. 환원주의적 흐름은 분자생물학과 유전공학 시대를 거쳐 소위 유전체학으로 대표되는 'omics'의 시대를 열었다.
2. 생물체를 구성요소가 아닌 시스템 수준에서 이해하려는 통합주의가 대두되며 생명과학/공학 패러다임에 새로운 변화가 일어나고 있다.
3. 21세기 생명과학/공학의 대표적인 학문으로 시스템생물학과 합성생물학은 여러 학문들의 융합으로 복합학문 또는 종합과학의 성격을 띠고 있다.

참고문헌

1.2 통합주의적 사고의 대두

Andrianantoandro, E., Basu, S., Karig, D.K., and Weiss, R. 2006. Synthetic biology: new engineering rules for an emerging discipline. *Mol. Syst. Biol.* 2: 0028.

Drubin, D.A., Way, J.C., and Silver, P.A. 2007. Designing biological systems. *Genes Dev.* 21: 242-254.

1.3 시스템생물학과 합성생물학의 탄생

McDaniel, R., and Weiss, R. 2005. Advances in synthetic biology: on the path from prototypes to applications. *Curr. Opin. Biotechnol.* 16: 476-483.

2장 생명과학/공학 연구방법의 새로운 변화

2004년 11월 미국의 5개 대학교의 학생들이 참가하여 합성생물학 경연대회를 가졌다. 이 행사가 iGEM (International Genetically Engineered Machine competition)의 출발점이 되었다.

2장 생명과학/공학 연구방법의 새로운 변화

> 학습목표
>
> 합성법을 이용하여 미지의 세계를 탐험하며 새로운 사실을 밝혀 낼 수 있음을 이해하고 합성법이 실제 합성생물학의 발전에 어떠한 기여를 했는지 살펴보도록 하자.

2.1 분석에서 합성으로

20세기의 생명과학은 복잡한 생물계를 이해하기 위해서 새로운 구성요소들을 밝혀내는 분석적 방법을 주로 활용해왔다면 21세기에서는 이러한 분석적 방법을 통해서 밝혀진 구성요소들의 특징들을 이해하고 이를 통합하여 바이오시스템을 구현하는 합성 중심적인 방법을 취하고 있다(그림 2.1).

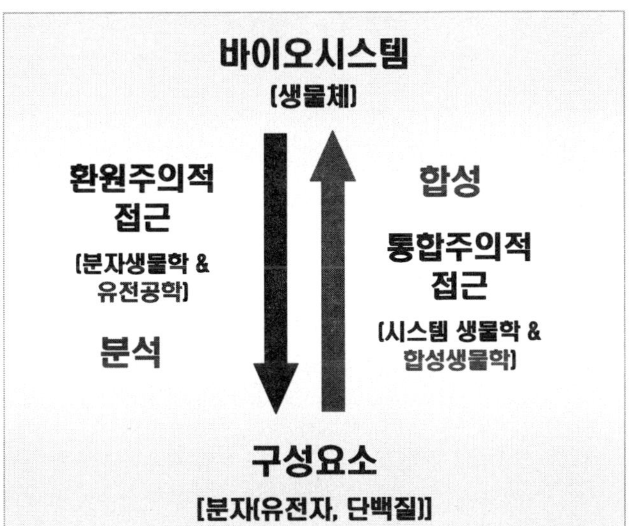

그림 2.1 생명과학 흐름의 변화

2.1.1 분석과 합성

분석과 합성의 개념에 대해서 알아보자. 분석과 합성은 그리스어에서 유래된 말로서 분석이 전체를 각 부분으로 나누는 과정이라고 한다면 합성은 각각의 구성요소, 부분들을 하나로 합치는 것이다. 이것은 서로 지극히 반대적인 개념이면서 과학 탐구 방법론적 측면에서 상호보완적인 관계에 있다. 합성법이 얼마나 중요한 것인가를 Richard Feynman의 말을 인용하여 생각해 볼 필요가 있다(그림 2.2).

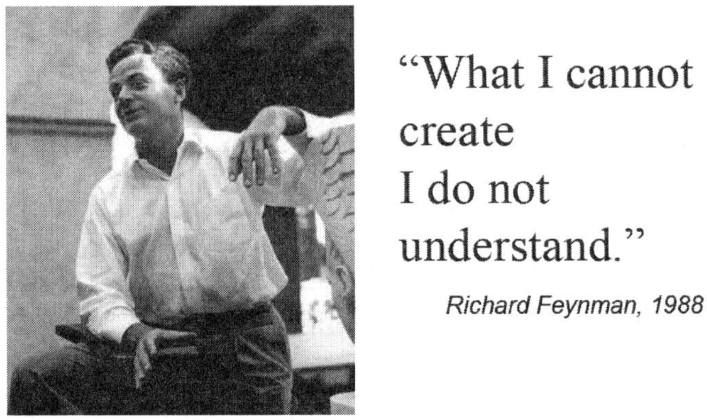

그림 2.2 Richard Feynman의 경구

Richard Feynman은 노벨물리학상을 받은 물리학자로서 1988년에 사망 당시 실험실에 있던 칠판에 "What I cannot create I do not understand." 라는 글을 남겼다. 이 글을 직역하면 "내가 만들 수 없는 것은 이해하지 못한다."이며 이것을 바꾸어 말한다면 '내가 이해하는 것은 만들 수 있다' '내가 한 번 만들어봄으로써 그것에 대해서 완전히 이해할 수 있다'는 뜻이 된다. 이는 합성의 중요성을 간명하게 표현한 것이다.

2.1.2 합성은 강력한 과학적 방법이다.

합성은 기존의 과학적 방법인 관찰과 분석으로는 도저히 알 수 없던 영역을 밝혀내는 강력한 과학적 방법으로 가장 먼저 활용했던 분야는 화학분야이다. 유기합성(유기물질의 합성)은 화학에서 이미 오래전부터 시작되어 왔다. 예를 들어 비타민 B_{12}를 합성하는 과정에서 단지 구조를 관찰하는 것으로는 도저히 알아낼 수 없었던 화학결합에 대한 많은 지식과 정보를 얻어낼 수 있었고 비타민 B_{12}를 합성하고 합성물을 분석하려는 과정에서 새로운 과학 분석법인 고압액체크로마토그래피(HPLC, high-performance liquid chromatography)가 개발되었다. 이러한 고압액체크로마토그래피의 개발은 향후의 화학 발달에 크나큰 기여를 하게 된다. 이처럼 우리가 새로운 방법으로 접근을 하게 되면 기존의 방법으로는 접근할 수 없었던 미지의 영역을 탐험할 수 있을 뿐만 아니라 그로부터 파생되는 새로운 욕구에 의해서 다시 새로운 기술이 개발되는 엄청난 파급 효과를 만들어낼 수 있는 것이다. 하지만 이런 막강한 합성 방법을 다른 많은 학문 영역에서 활용할 수 없음은 심히 안타까운 일이다. 예를 들어 어떤 천체 우주 물리학자가 행성이나 별의 생성에 대한 하나의 가설을 세우고 그 가설을 시험해 보기 위해서는 컴퓨터상에서의 모의실험 밖에 할 수 없을 것이다. 행성이나 별을 실질적으로 만들어 볼 수는 없기 때문에 학설이나 모델을 시험, 검정 하는 데에 한계를 느낄 수밖에 없을 것이다.

2.2 합성생물학의 역사

합성생물학은 1970년 합성법이 도입되면서 시작되었다. Khorana 박사는 올리고뉴클레오타이드 합성법을 개발함으로써 노벨상을 수상한 과학자로서 올리고뉴클레오타이드(oligonucleotide) 합성법을 활용하여 최초로 알라닌 tRNA(alanine tRNA)를 합성하였다. 그 이후에 소마토스타틴(somatostatin)이라는 호르몬 유전자의 합성을 통하여 합성된 유전자들이 생체 내에서 정확히 그 기능을 수행할 수 있다는 것을 보여주었다. 그 당시까지 기존의 정보를 그대로 재현하는 수준의 합성이었다면 1978년에 들어서 인위적인 합성법으로 발전하게 되었다. 이는 Arber, Nathans, Smith 박사 등이 제한효소를 발견함으로써 가능하게 되었고 이로 인해 노벨상을 받게 되었다. Szybalski 박사는 이를 기념하기 위해서

쓴 글에서 '이제 새로운 유전자 구성을 인위적으로 만들기 위하여 기존에 있던 두 종류의 DNA를 서로 자르고 이어서 자연계에는 없었던 새로운 재조합 DNA를 합성해보고 평가해 볼 수 있는 합성생물학의 DNA 새로운 시대가 열리게 되었다'라고 기술하였다. 이처럼 제한효소의 발달은 유전공학의 문을 여는 시발점이 되었고, 유전공학의 발달에 큰 기여를 한 것 중의 하나가 바로 합성법이라는 것을 알 수 있다.

합성생물학이라는 용어가 본격적으로 사용된 것은 21세기에 들어서면서이다. 2000년 샌프란시스코에서 열렸던 미국화학회에서 Eric Kool 박사 등에 의해 합성생물학이라는 용어가 본격적으로 사용되기 시작했다. 이들은 합성을 통해서 만들어낸 비자연적, 인공적인 유기물질이 생체 내에서 제대로 기능을 수행할 수 있도록 하는 연구를 하면서 이것을 '합성생물학(Synthetic Biology) 분야'라고 정의 하였다. 이러한 협의(狹義)의 합성생물학은 우리가 원하는 바를 이룰 수 있도록 생명체나 바이오시스템을 설계하여 만들어내는 모든 영역을 포함하는 개념으로 급격히 확장되었다.

2.3 합성생물학의 개념

합성생물학에 대한 정의는 아직까지 학자들 마다 많은 차이를 보이고 있다. 그 이유는 합성생물학이라는 용어가 사용된 것이 6-7년 밖에 되지 않아서 그 의미가 지속적으로 확장, 변화되고 있기 때문이다. 따라서 이러한 점을 이해하면서 합성생물학을 바라보아야 한다. 합성생물학이라고 하는 것은 공학적 개념을 생물학에 적용한 것으로 현재의 생물계로써는 할 수 없는 일을 수행할 수 있도록 재설계 과정을 거쳐 생물체나 바이오시스템을 만드는데 그 목적이 있다. 수많은 부품으로 이루어진 기계를 만들 때, 우리는 많은 부품들 중에서 우리가 원하는 것들을 모아 조립함으로써 소자를 만들어내고 이들을 다시 조립함으로써 기계 장치를 만들게 된다. 이와같은 계획적이고 계층적이며 단계적인 과정을 거쳐서 우리가 원하는 기능의 바이오시스템을 만들고자 하는 것이 바로 합성생물학이 추구하는 방향이다. 그래서 먼저 새로운 표준화, 규격화된 생물부품들을 만들어내고 그 부품들을 서로 조립해서 하나의 소자를 만들어내고 또 이 소자들을 조립해서 하나의 바이오시스템을 만드는 것이다.

한편, 혹자는 바이오시스템의 개념을 자연계에 있지 않은 비자연계의 인공적인 것에 국한하지만, 대부분은 인공적, 비생물적인 바이오시스템 뿐만 아니라 실제로 살아있는 생물체까지 포함하는 광의(廣義)의 바이오시스템으로 사용하고 있다. 이러한 바이오시스템은 기초학문과 응용학문을 활용하여 지금까지와는 근본적으로 다르게 부품들을 조립해 나가는 과정을 거치도록 하는 것이 주된 특징이다. 이것은 마치 레고 블록을 맞추어 다양한 동물들을 만들어내는 과정과 흡사하다(그림 2.3).

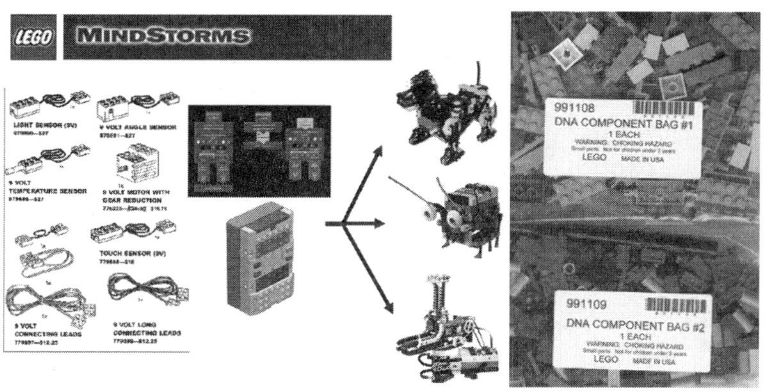

그림 2.3 레고를 이용한 조립 과정

합성생물학과 관련된 것을 만화를 통해 소개하고 있는 세계적인 과학 잡지 'Nature'를 클릭하여 합성생물학의 세계를 탐험해 보자.
(http://www.nature.com/nature/comics/syntheticbiologycomic/index.html)

학습정리

1. 합성은 관찰과 분석으로는 할 수 없던 미지의 세계를 알게 해주었다.
2. 막강한 합성 도구는 다른 많은 영역에서는 이용할 수 없으나 생물학자들은 그들의 가설을 입증하기 위해 생물체의 일부분을 이미 합성해왔다.
3. 통합과 합성을 바탕으로 하는 합성생물학이 새로운 발견과 새로운 이론으로 우리를 인도할 것이다.

참고문헌

2.1 분석에서 합성으로

Agarwal, K.L., Büchi, H., Caruthers, M.H., Gupta, N., Khorana, H.G., Kleppe, K., Kumar, A., Ohtsuka, E., Rajbhandary, U.L., Van de Sande, J.H., Sgaramella, V., Weber, H., and Yamada, T. 1970. Total synthesis of the gene for an alanine transfer ribonucleic acid from yeast. *Nature* 227: 27-34.

2.2 합성생물학의 역사

Szybalski, W., and Skalka, A. 1978. Nobel prizes and restriction enzymes. *Gene* 4: 181-182.

2.3 합성생물학의 개념

Ball, P. 2007. Synthetic biology: Designs for life. *Nature* 448: 32-33.

http://www.nature.com/nature/comics/synthibiologycomic/index.html

3장 유전자 합성

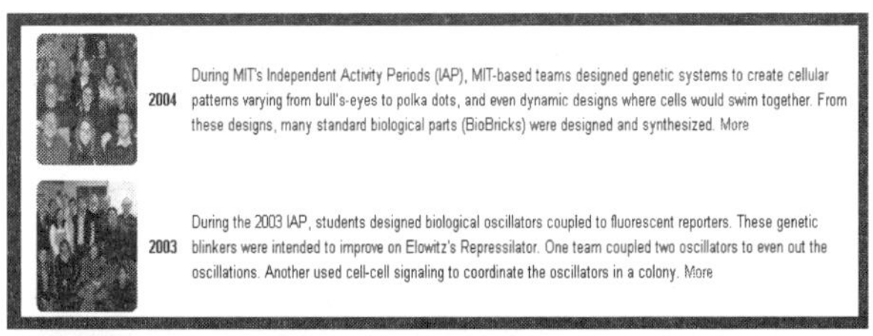

2004 During MIT's Independent Activity Periods (IAP), MIT-based teams designed genetic systems to create cellular patterns varying from bull's-eyes to polka dots, and even dynamic designs where cells would swim together. From these designs, many standard biological parts (BioBricks) were designed and synthesized. More

2003 During the 2003 IAP, students designed biological oscillators coupled to fluorescent reporters. These genetic blinkers were intended to improve on Elowitz's Repressilator. One team coupled two oscillators to even out the oscillations. Another used cell-cell signaling to coordinate the oscillators in a colony. More

MIT 대학의 합성생물학 관련 학부학생 행사인 IAP (Independent Activity Periods)가 2003년부터 2004년까지 개최되어 iGEM (International Genetically Engineered Machine)의 탄생에 기여하였다.

3장 유전자 합성

> **학습목표**
>
> 유전자 합성을 효율적으로 정확하게 하기 위해선 어떤 방법들이 사용되고 있는지 이해하며 이러한 방법을 통해서 만들어진 합성유전자가 어떠한 목적으로 활용될 수 있는지 알아보자.

3.1 최초의 유전자 합성

합성생물학은 우리가 원하고 바라는 목표를 수행할 수 있도록 바이오시스템을 설계하고 합성하는 학문이다. 따라서 합성생물학에 있어서 가장 기본은 바이오시스템을 이루는 각 부품들을 어떻게 설계하고 어떻게 합성할 것인가 하는 것이다. 합성생물학에서 부품이라고 하는 것은 실질적으로 단백질이 될 수도 있고 다른 다양한 물질이 될 수도 있다. 일반적으로 합성생물학에서 부품은 유전자 합성을 통해서 제공하기 때문에 부품의 설계와 합성이라고 하는 것은 결국 유전자의 설계와 합성이라고 할 수 있다. 따라서 합성생물학에 있어서 유전자의 합성은 가장 중요하고 기본적이며 핵심적인 기술이 된다.

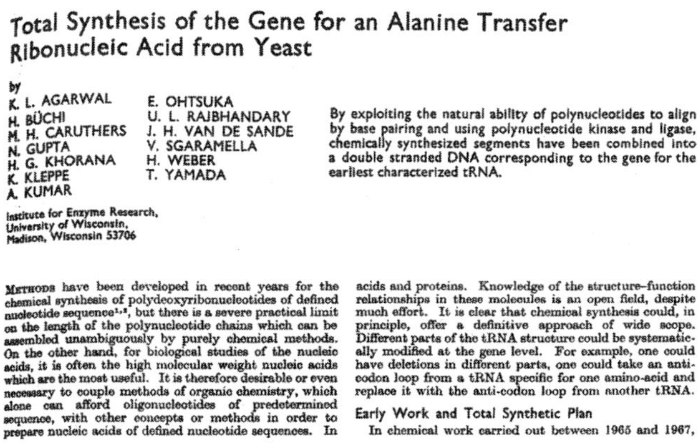

Total Synthesis of the Gene for an Alanine Transfer Ribonucleic Acid from Yeast

by
K. L. AGARWAL, H. BÜCHI, M. H. CARUTHERS, N. GUPTA, H. G. KHORANA, K. KLEPPE, A. KUMAR, E. OHTSUKA, U. L. RAJBHANDARY, J. H. VAN DE SANDE, V. SGARAMELLA, H. WEBER, T. YAMADA

Institute for Enzyme Research, University of Wisconsin, Madison, Wisconsin 53706

By exploiting the natural ability of polynucleotides to align by base pairing and using polynucleotide kinase and ligase, chemically synthesized segments have been combined into a double stranded DNA corresponding to the gene for the earliest characterized tRNA.

METHODS have been developed in recent years for the chemical synthesis of polydeoxyribonucleotides of defined nucleotide sequence[1,2], but there is a severe practical limit on the length of the polynucleotide chains which can be assembled unambiguously by purely chemical methods. On the other hand, for biological studies of the nucleic acids, it is often the high molecular weight nucleic acids which are the most useful. It is therefore desirable or even necessary to couple methods of organic chemistry, which alone can afford oligonucleotides of predetermined sequence, with other concepts or methods in order to prepare nucleic acids of defined nucleotide sequences. In acids and proteins. Knowledge of the structure-function relationships in these molecules is an open field, despite much effort. It is clear that chemical synthesis could, in principle, offer a definitive approach of wide scope. Different parts of the tRNA structure could be systematically modified at the gene level. For example, one could have deletions in different parts, one could take an anti-codon loop from a tRNA specific for one amino-acid and replace it with the anti-codon loop from another tRNA.

Early Work and Total Synthetic Plan

In chemical work carried out between 1965 and 1967,

그림 3.1 효모의 알라닌 tRNA 합성을 보고한 1970년 논문의 표지(Agarwal *et al.*, 1970)

합성 유전자(synthetic gene)를 만드는 것은 크게 두 단계로 나눌 수 있는데 그 첫 번째는 우리가 원하는 기능을 잘 수행할 수 있도록 유전자를 설계하는 과정이고 두 번째는 이러한 설계를 바탕으로 해서 정확하게 제대로 된 합성유전자를 만들어내는 과정이다. 제일 처음 유전자 합성이 이루어진 것은 tRNA 유전자이었다(그림 3.1).

Khorana 박사를 주축으로 올리고뉴클레오타이드 합성법이 개발되면서 효모의 알라닌 tRNA 유전자의 합성에 적용하여 성공을 거둔 것이다. 그 다음으로 이루어진 것은 작은 펩티드 호르몬(peptide hormone)인 소마토스타틴 유전자의 합성이었다(그림 3.2).

그림 3.2 소마토스타틴 유전자 합성 과정의 모식도

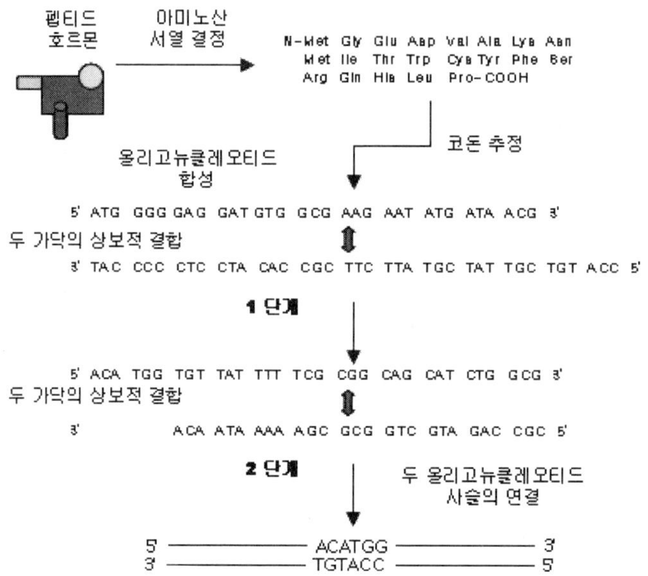

단백질 유전자의 경우 유전자 서열에 대한 정보가 없을 때에는 먼저 단백질의 아미노산 서열을 밝혀낸다. 다음 각 아미노산에 해당되는 적절한 코돈들을 골라 유전자 서열을 만들어내고 이로부터 유전자를 짜맞출 올리고튜클레오타이드를 설계 합성한다. 펩티트 호르몬인 소마토스타틴 유전자가 사용된 이유는, 유전자의 중요성과 더불어 크기가 비교적 작아 올리고뉴클레오타이드 합성이 용이했기 때문이다. 그

림 3.2에서는 유전자를 두 부분으로 나누고, 각 부분에 해당하는 두 가닥의 상보적인 올리고뉴클레오타이드를 각각 합성한다. 이때 두 부분의 연결 부위는 상보적인 부착단(cohesive end)을 갖도록 하여 하나로 붙여준다. 이후에 점점 더 큰 유전자의 합성이 이루어지게 되는데 1981년도에는 대략 514kb 크기의 알파-인터페론(α-interferon) 유전자가 66개의 올리고뉴클레오타이드(평균 7.8mer)를 연결하여 합성이 되었다. 최초의 유전자 합성이 있은 지 20년 후인 1990년도에는 유전자 수준을 넘어 2kb 크기의 플라스미드 전체를 합성하게 된다. 이때는 올리고뉴클레오타이드의 합성 기술도 개선이 되어 평균 66 mer의 긴 올리고뉴클레오타이드를 연결하여 합성되었다.

3.2 유전자 설계와 합성

앞서 설명한 것과 같이 유전자 합성(gene synthesis)의 최초 시도는 효모의 알라닌 tRNA와 소마토스타틴 유전자였으며, 다행히 이들은 작은 유전자였기 때문에 비교적 쉽게 성공할 수 있었지만 학문과 기술이 발전함에 따라 우리가 대상으로 하는 유전자의 크기가 커져 이들을 어떻게 설계, 합성할 것인가에 대한 보다 체계적인 연구가 필요하게 되었다.

3.2.1 코돈 최적화(codon optimization)

유전자를 설계할 때에 목표로 하는 단백질을 만들어 낼 수 있도록 유전자 서열을 결정해야 하는데 하나의 아미노산을 결정하는 코돈은 1~6개까지 다양한 경우의 수가 존재한다. 따라서 여러 가지 대안 중 어떠한 코돈을 선택할 것인가가 설계에 있어 가장 핵심이 되는 것이다. 코돈 최적화는 단백질 발현의 효율을 개선하기 위해 코돈의 편향(bias)을 수정하는 것이다. 여러 가지 선택 가능한 코돈 중 실제로 사용하는 코돈의 종류와 빈도는 각각의 생물체와 유전자에 따라 특징적으로 나타나는데 이 유전자를 다른 목적으로 활용하기 위해서는 우리의 목적에 맞도록 개선하는 것이 필요하다. 이렇게 코돈을 최적화함으로써 합성유전자의 기능을 원하는 방향으로 개선하고 향상시킬 수 있는 것이다.

표 3.1 *Dictyostelium discoideum*의 56개 유전자에 대한 코돈 사용 빈도

		코돈 빈도			코돈 빈도			코돈 빈도			코돈 빈도
Phe	UUU	339	**Ser**	UCU	316	**Asn**	AAU	697	**Ser**	AGU	184
	UUC	359		UCC	101		AAC	281		AGC	30
Leu	UUA	853		UCA	671	**Lys**	AAA	1034	**Arg**	AGA	315
	UUG	179		UCG	14		AAG	266		AGG	4
	CUU	213	**Pro**	CCU	40	**Asp**	GAU	884	**Gly**	GGU	1041
	CUC	260		CCC	3		GAC	126		GGC	34
	CUA	31		CCA	647	**Glu**	GAA	1131		GGA	94
	CUG	2		CCG	2		GAG	116		GGG	6
Ile	AUU	798	**Thr**	ACU	536	**Tyr**	UAU	373	**Cys**	UGU	287
	AUC	403		ACC	304		UAC	204		UGC	28
	AUA	73		ACA	260	**Ter**	UAA	49	**Ter**	UGA	1
Met	AUG	439		ACG	1		UAG	1	**Trp**	UGG	192
Val	GUU	676	**Ala**	GCU	540	**His**	CAU	244	**Arg**	CGU	383
	GUC	220		GCC	256		CAC	123		CGC	1
	GUA	202		GCA	290	**Gln**	CAA	726		CGA	5
	GUG	19		GCG	3		CAG	9		CGG	2

표 3.1은 *Dictyostelium discoideum*이라고 하는 생물체의 56개 유전자에 대해 어떠한 코돈이 사용되고 있느냐 하는 것을 빈도로 나타낸 것이다. 류신(leucine) 코돈의 경우 6종류가 사용되고 있는데 그 중 UUA라는 코돈은 상당히 많이 사용되는데 반해 CUG라고 하는 코돈은 매우 낮게 사용되고 있는 것을 볼 수 있다. 그리고 글루타민(glutamine) 코돈의 경우는 GAA 코돈에 비해 GAG 코돈 사용 빈도가 현저히 낮은 것을 볼 수 있다. 표 3.1에서 보면 다른 코돈들 또한 유사한 양상을 보이고 있는 것을 관찰할 수 있다.

표 3.2 발현정도에 따른 코돈 사용빈도의 예

expression level		High	Mid	Low
Tyr	UAU	20.81	1.47	1.66
	UAC	1.19	0.53	0.34
Phe	UUU	0.49	0.86	1.48
	UUC	1.51	1.14	0.52

표 3.2에서 발현 정도에 따른 코돈 사용 빈도의 예를 보게 되면 코돈 사용이 무작위적으로 일어나는 것이 아님을 볼 수 있다. 더욱이 다른 생물 종에 있어 아주 높게 발현되는 유전자의 코돈 사용 빈도와 적게 발현되는 유전자의 코돈 사용 빈도를 비교해보면 재미있는 사실을 볼 수 있다. 한 예로 타이로신(tyrosine) 코돈을 들 수 있는데 많이 발현되는 유전자는 UAC 코돈을 많이 사용하고 있지만 적게 발현되는 유전자에서는 UAC 코돈보다는 UAU코돈이 많이 사용됨을 볼 수 있다. 다시 말해서 어떤 코돈을 사용하느냐에 따라 유전자발현에 상당히 유리할 수도 있고 불리할 수도 있다. 따라서 유전자의 코돈을 선택함에 있어서 이러한 사용 빈도에 따라 여러 가지 코돈 중 어떤 코돈을 사용할 것인가를 잘 결정해주어야 한다. 이것이 바로 유전자의 설계에 있어서 코돈 최적화의 핵심부분이다.

3.2.2. 발현 최적화

우리가 어떠한 단백질을 대량 생산해 내기 위해서는 이 단백질을 암호화하고 있는 원래의 유전자를 적절한 운반체(vector)에 실어서 만들어낼 수도 있겠지만 보다 더 효율적으로 생산하기 위해서는 합성유전자를 사용하는 것이 좋다. 후자의 경우에는 본래의 유전자 서열을 그대로 이용하는 것이 아니라 어떠한 생물체에서 적절하게 사용되어질 수 있는 코돈을 선택하고 합성유전자가 잘 발현 될 수 있도록 발현 최적화를 한 후 유전자를 합성한다. 때문에 우리가 목적하는 것을 대량 생산해 낼 수 있는 것이다(그림 3.3).

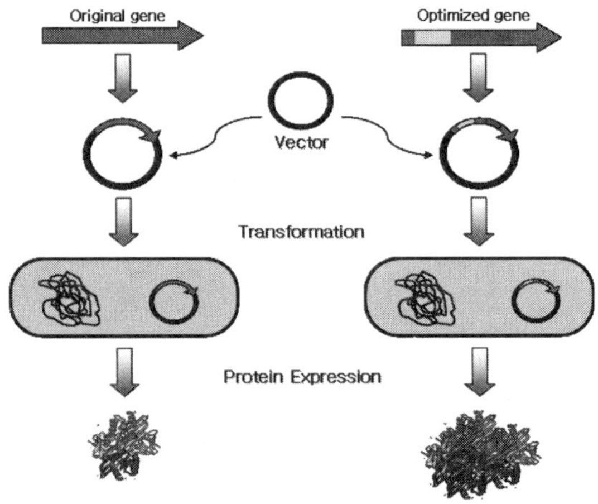

그림 3.3 유전자 발현의 증대

발현을 최적화하기 위해서는 유전자 발현에 영향을 주는 4가지 요인에 대하여 검토하여야 한다. 첫 번째로 '코돈 사용법' 즉 어떠한 코돈을 사용할 것인지에 대해서 잘 생각해야 하며, 두 번째로 그 코돈에 해당되는 tRNA가 얼마나 그 생물체내에 많이 존재하고 있는지도 충분히 고려해 보아야 한다. 그리고 세 번째는 만들어낸 합성 유전자가 세포내에서 전사되어 해독이 되려면 중간에 mRNA 과정을 거치게 되는데 이 mRNA가 어떠한 2차 구조를 갖느냐 하는 것도 발현에 지대한 영향을 미치게 된다. 만약 mRNA의 리보솜 결합 부위가 다른 부분과 결합하여 2차 구조를 형성하게 되면 발현이 일어나지 않게 된다. 따라서 유전자 합성을 할 때에는 이러한 2차 구조가 어떻게 이루어질 수 있는지에 대해서 신중히 따져봐야 할 것이다. 마지막으로, 2차 구조는 mRNA의 안정성에도 영향을 미치게 되는데 mRNA의 안정성은 만들어지는 단백질의 양과 직결되기 때문에 코돈 선택의 중요성이 매우 크다고 할 수 있다.

3.2.3. 유전자 설계의 흐름도

먼저 우리가 원하는 유전자의 아미노산 서열과 DNA 서열을 데이터베이스로부터 수집한다. 20가지 아미노산의 수를 세고 각 비율에 맞게 코돈을 선택하는데 그 코돈의 발현이 최적화되도록 설계한다. 그 다음 반복서열에 주의하며 DNA 서열을 채운 뒤 제한효소 위치를 검색하여 세트로 편집한다(40 bp unit 정도). 이들을 서로 이어줌으로써 우리가 원하는 유전자가 합성된다(그림 3.4).

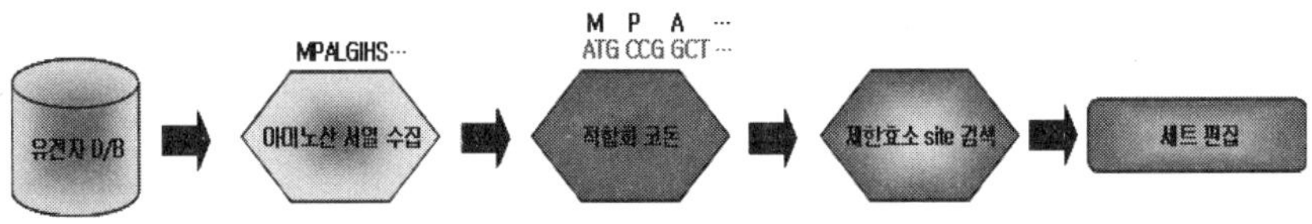

그림 3.4 유전자설계의 흐름

3.3 유전자 합성 전략

합성하고자 하는 유전자의 모든 부분에 해당되는 40-50개 크기로 합성한 올리고뉴클레오타이드들을 서로 지그재그가 되도록 연결함으로써 최종적으로 합성유전자를 만들어낸다. 이러한 유전자 합성 방법에는 여러 가지가 있다. 올리고뉴클레오타이드를 연결한 다음에 이를 직접 클로닝하는 방법도 있고 PCR이나 LCR/PCR을 이용을 해서 증폭하는 방법도 있으며 순차적 조합법(convergent assembly), 단일 과정 조합법(single-step assembly)이라고 하는 방법도 있다. 그러나 유전자 합성에는 항상 서열의 실수가 일어나게 되므로 이것을 무엇보다 중요하게 고려해야 하며 이러한 실수를 최소화하고 올바르게 교정해주는 방법이 필수적이다. 또한 합성하고자 하는 대상이 거대한 유전체가 될 경우에는 시간과 돈이 직결되기 때문에 자동화가 필수적이다.

3.3.1 순차적 조합법(convergent assembly)

유전자 합성에 있어서 순차적 조합법이라고 하는 것은 전체의 유전자를 한 번에 합성을 할 수 없기 때문에 유전자 단편들을 서로 상보적 부착단이 되도록 만든 다음 이것을 인접한 순서끼리 단계별로 붙여 최종적으로 전체 유전자를 만드는 방법이다. 이 방법은 시간이 많이 걸리고 여러 단계를 거쳐야 되는 단점이 있다(그림 3.5).

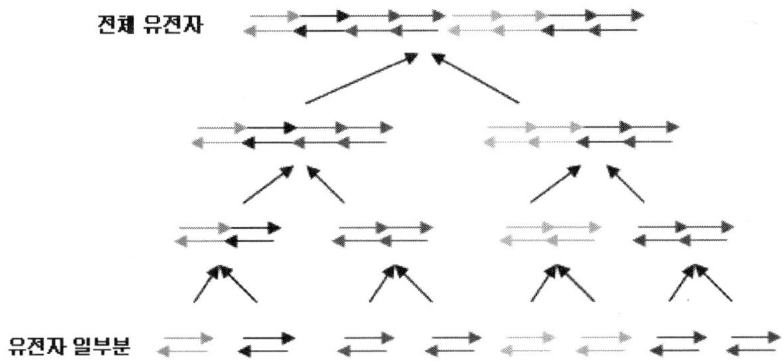

그림 3.5 순차적 조합법에 의한 유전자 합성 방법의 모식도

3.3.2 단일과정 조합법(single-step assembly)

단일과정 조합법(single-step assembly)은 순차적 조합법(convergent assembly)의 단점을 보완할 수 있는 방법으로 Stemmer 박사 등에 의해 만들어졌다(그림 3.6).

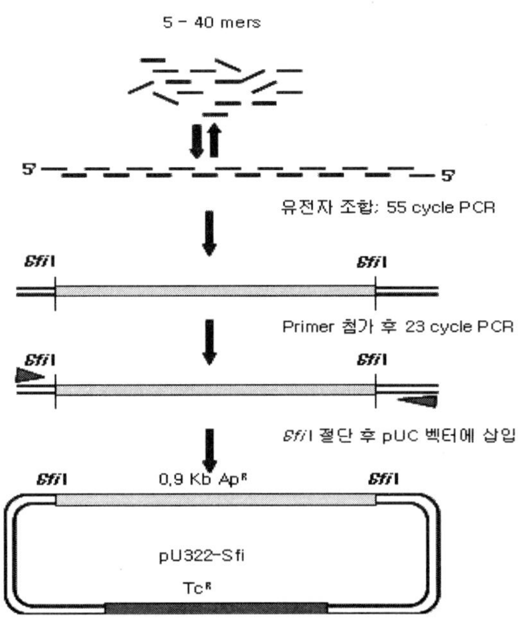

그림 3.6 단일과정 조합법(single-step assembly)

순차적 조합법이 많은 단계를 거쳐야 하는데 비해서 단일과정 조합법은 약 40 mer 정도의 올리고뉴클레오타이드를 만들어 서로 지그재그로 겹쳐지도록 합성을 한 후 이들을 개별적으로 따로따로 이어주는 것이 아니라 한 번에 섞어서 하나의 긴 유전자 서열이 될 수 있도록 PCR을 한다. 최종적으로 가장 밖에 위치한 올리고뉴클레오타이드를 프라이머로 사용하여 다시 증폭한다. 이것은 하나의 단계로 이루어진 PCR 과정을 통해서 유전자를 만들어내고 이 유전자를 적절한 제한효소로 절단해 적절한 운반체에 실어 클로닝함으로써 유전자를 합성하는 것이다. 이 과정은 PCR을 한 번만 하면 된다는 장점이 있기 때문에 많이 사용 되고 있다.

3.4 합성유전자의 활용

이렇게 해서 만들어진 합성 유전자는 다양한 분야에 활용 될 수 있는데 그 예로서, 클로닝과정을 간단하게 해결해 줄 수 있는 역할도 하며, 단백질의 발현을 개선하기 위해서 혹은 그 유전자의 기능을 알아보기 위해서 돌연변이를 일으키는 경우에 우리가 원하는 부위에 원하는 방향으로 정확하게 돌연변이를 도입시키는데 매우 편리하다. 특히 자연계에서는 얻을 수 없는 완벽하게 합성된 새로운 유전자를 만들어 볼 수 있으며 이 때 만들어지는 새로운 단백질의 기능을 탐색해 볼 수 있는 가장 강력한 도구를 유전자 합성이 제공하는 것이다.

학습정리

1. 유전자 합성은 합성생물학의 가장 기본이 된다.
2. 합성유전자는 설계와 합성 과정을 통해 만들어진다.
3. 합성유전자 부품은 다양하게 활용할 수 있다.

참고문헌

3.1 최초의 유전자 합성

Agarwal, K.L., Bŭchi, H., Caruthers, M.H., Gupta, N., Khorana, H.G., Kleppe, K., Kumar, A., Ohtsuka, E., Rajbhandary, U.L., Van de Sande, J.H., Sgaramella, V., Weber, H., and Yamada, T. 1970. Total synthesis of the gene for an alanine transfer ribonucleic acid from yeast. *Nature* 227: 27-34.

3.2 유전자 설계

http://www.kazusa.or.jp/codon/ : CUTG

3.4 합성유전자의 활용

Stemmer, W.P., Crameri, A., Ha, K.D., Brennan, T.M., and Heyneker, H.L. 1995. Single-step assembly of a gene and entire plasmid from large numbers of oligodeoxyribonucleo tides. *Gene* 164: 49-53.

4장 바이러스 합성

2004년 11월 11일 미국의 오클라호마 대학에서 개최된 합성생물학 학술대회 SBS 2004 모습이다.

4장 바이러스 합성

학습목표

바이러스 합성의 목적과 과정이 무엇이며, 합성된 바이러스를 통해 알게 된 사실을 알아보고 합성생물학에서 바이러스의 합성이 갖는 의미가 무엇인지 알아보자.

4.1 소아마비 바이러스의 합성

최초로 합성생명체가 된 것은 바이러스이다. 왜냐하면 다른 생명체에 비해 유전체의 크기가 작아 합성에 유리했기 때문이다. 이와 같은 이유로 소아마비 바이러스(polio virus)가 처음으로 합성되었다. 이것은 막이 없는 정이십면체의 구조를 가지고 있으며 약 7.4 kb의 RNA 유전체를 가진 바이러스로 소아마비를 일으킨다(그림 4.1).

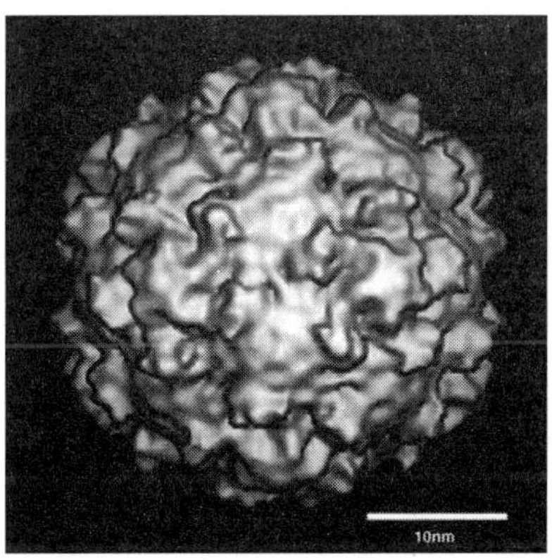

그림 4.1 소아마비 바이러스 (Cello *et al.*, 2002)

4.1.1 소아마비 바이러스 합성 전략

소아마비 바이러스의 합성은 2002년 Cello와 Wimmer 박사 등에 의해 'Science'에 보고되었다. 이들은 유전체를 합성한 후 숙주세포에 주입시켜 감염성이 있는 바이러스 입자를 얻는데 성공했다. 합성과정을 자세히 살펴보면, 소아마비 바이러스의 RNA는 크게 세부분으로 나누어 볼 수 있는데 각각의 크기는 약 3.0 kb, 1.8 kb, 2.6 kb로 그 당시 기술로 합성을 하기에는 컸기 때문에 각각의 조각을 다시 400-600 bp의 작은 단편으로 만들었다. 그리고 작게 자른 각각의 단편들을 클로닝 한 다음, 클로닝 된 DNA를 분리하여 서열을 분석함으로써 각 조각들의 서열이 올바르게 클로닝 되었는지 확인하고 이 클론들을 다시 연결하여 큰 조각의 DNA를 만들었다. 이렇게 만들어진 큰 조각의 DNA들을 서로 연결시키는 과정을 반복하여 전체 길이의 cDNA를 합성하였다. RNA를 DNA로 바꿔 합성한 이유는 RNA가 DNA에 비해 안정성이 낮고 합성하는 방법도 어렵기 때문이다. 이렇게 RNA를 cDNA로 만든 뒤에는 생체 외(*in vitro*)에서 RNA 중합효소(RNA polymerase)를 이용하여 전사시킨 다음 RNA 유전체로 만들었고 이를 숙주세포에 감염시켜서 RNA 바이러스 입자를 얻었다. 이로써 Cello와 Wimmer 박사팀은 실제로 감염성이 있는 소아마비 바이러스를 만드는데 성공하였다.

4.1.2 소아마비 바이러스 합성의 의의

소아마비 바이러스의 합성은 순차적인 합성 과정으로 3년이라는 긴 시간이 소요되었지만, 감염성이 있는 소아마비 바이러스의 유전체를 생체 외(*in vitro*)에서 완벽히 재현했다는데 의의가 있다. 즉, 이 실험은 화학적으로 합성된 유전자가 생체 내(*in vivo*)에서 원래의 유전자와 같은 기능을 정확하게 수행할 수 있다는 것을 보였다는 점에서 큰 의미를 가진다. 합성된 바이러스는 고유의 소아마비 바이러스와 생화학적으로나 병리학적으로 같은 성질을 보여주었다. 이러한 사실을 합성생물학적 관점에서 볼 때 우리가 어떤 바이러스의 유전체 서열만 알고 있다면 그 서열로부터 어떠한 바이러스라도 감염성이 있는 형태로 합성할 수 있다는 것을 암시한다. 그렇지만 이 실험은 합성하는데 긴 시간이 걸렸다는 점에 있어 이 보다 더 큰 유전자나 전체 유전체를 합성하는 데에는 사용하기 어렵다는 한계를 드러냈다.

4.2 박테리오파지 ΦX174의 합성

소아마비 바이러스를 합성했다는 발표가 있은 후 Craig Venter 박사팀도 박테리오파지 *Φ*X174 합성에 성공했다고 2003년 'PNAS'에 보고하였다. Venter 박사팀이 합성 대상으로 선택한 *Φ*X174는 감염성이 있는 박테리오파지이며 단일가닥의 DNA 유전체를 가진다(그림 4.2). 이 바이러스를 선택한 이유는 대장균과 같은 특정 세균에만 감염이 되기 때문에 사람에게 위험성이 없고 DNA 유전체를 가지고 있어 비교적 쉽게 합성한 DNA의 기능을 추적, 확인할 수 있다는 장점이 있기 때문이었다.

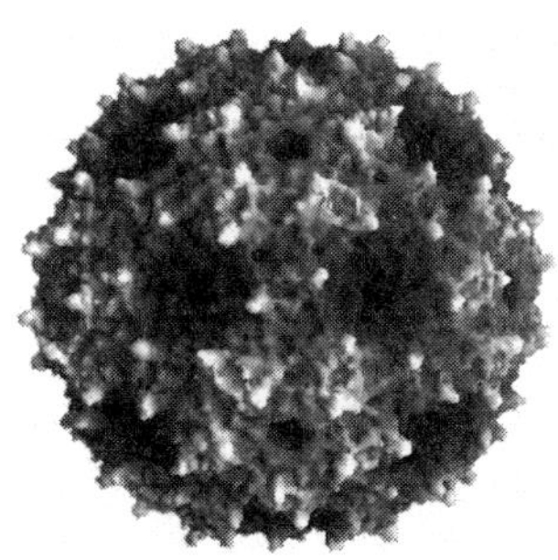

그림 4.2 박테리오파지 ΦX174
(Smith *et al.*, 2003)

4.2.1 파지 ΦX174의 합성 전략

Venter 박사팀은 합성한 감염성의 바이러스를 만들 때, 전체 유전체에 상응하는 올리고뉴클레오타이드를 설계하여 이들을 합성하고 합성된 올리고뉴클레오타이드를 전기영동을 통해서 원하는 크기만 순

수 분리하였다. 그리고 5'-말단에 인산기를 붙여서 서로 이어질 수 있도록 처리한 후 Taq 중합효소(Taq polymerase)를 사용하여 결합시키고 작게 이어진 조각들을 긴 유전체 크기로 길게 연결될 수 있도록 중합효소 싸이클린 조합법(polymerase cycline assembly, PCR의 변형된 방법)을 사용하여 결합시킨 후 PCR 방법을 적용해서 DNA를 증폭시켰다. 그 후 원하는 크기로 증폭된 DNA를 전기영동으로 분리, 정제한 다음 환형(circular form)의 DNA로 만들어주고 이것을 대장균세포에 전기천공(electroporation) 방법으로 주입함으로써 감염성이 있는(plaque를 형성하는) 바이러스를 얻어내었다. 여기에서 추출한 바이러스들의 서열을 분석하여 원래 바이러스가 가지고 있던 유전체 서열과 정확하게 일치하는 것을 확인할 수 있었다. 박테리오파지 *Φ* X174 합성에 걸린 시간은 불과 2주로 합성 기술이 얼마나 급속히 발전하였는지를 보여준 쾌거였다(그림 4.3).

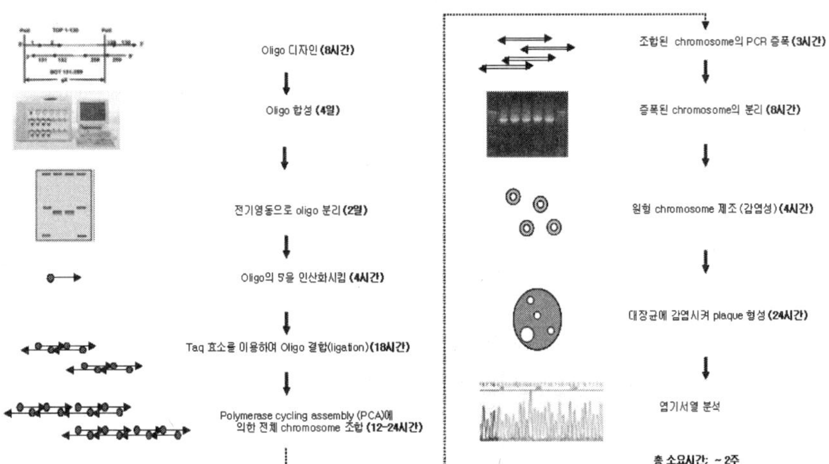

그림 4.3 박테리오파지 ΦX174 합성 과정 모식도 (Smith *et al.*, 2003)

4.2.2 박테리오파지 ΦX174 합성의 의의

*Φ*X174의 합성은 긴 DNA를 단기간에 합성할 수 있는 방법을 개발하였다는 측면에서 매우 큰 의미가 있다. 또한 이런 의미에서 세포

유전체의 합성 가능성을 열어주었다고 평가되고 있다. 세포의 최소유전체 크기는 대략 300-360 kb(Venter 박사가 합성한 크기의 60배) 정도 되기 때문에 5-6 kb의 바이러스 유전자를 합성한 것과 같은 방법으로 60번 반복 수행하고, 이들을 다시 연결한다면 대략 수 주 혹은 한두 달 내에 세균의 유전체 혹은 세포의 유전체를 합성할 수 있는 시대가 곧 도래 할 것이다.

하지만 여기서 우리가 간과해서는 안 될 중요한 사실이 있다. Venter 박사는 약 5 kb의 ΦX174를 약 2주만에 제조하였지만, 각 DNA마다 대략 1/500 bp당 오류가 발생했다는 점이다. Venter 박사는 플라크를 형성하는 바이러스만을 선택적으로 회수했기 때문에 ΦX174와 완전히 서열이 같은 바이러스를 회수하는데 성공할 수 있었던 것이다. 따라서 앞으로는 DNA 합성 시의 오류를 최소화하는 방책이 필요하다.

4.3 독감 바이러스의 합성

독감 바이러스가 전 세계적으로 유행한 최초의 기록은 1918년에 발생한 스페인 독감(Spanish Flu)으로 대략 2천 5백만 명이 사망하였다고 기록되어 있다(그림 4.4). 그 당시에는 이 독감의 원인이 어떤 독감 바이러스가 원인이었는지 알지는 못했지만 최근에, 사망한 군인의

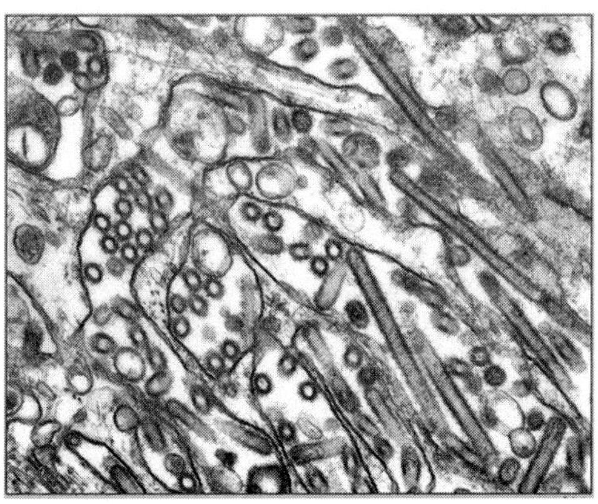

그림 4.4 독감 바이러스 (http://www.ninthday.com/spanish_flu.html)

폐 조직 등의 보관된 조직으로부터 바이러스 유전자를 찾아냄으로써 서열을 밝혔고 유전자 합성 방법으로 스페인 독감 바이러스를 생체 외에서 다시 복원하는데 성공하였다. 이미 소아마비 바이러스나 ΦX174를 합성하는데 성공했기 때문에 합성 그 자체에 의미가 있는 것은 아니지만 합성생물학적인 방법을 통해 예전에는 존재했었지만 지금은 사라진 바이러스를 복원하였다는데 큰 의의가 있다. 복원한 바이러스를 현재의 바이러스와 비교, 분석함으로써 바이러스의 전염성이나 병원성에 대해 보다 깊이 있는 이해와 연구가 가능해졌다. 이는 합성생물학의 막강한 응용 가능 분야를 보여주는 단편적인 예이다.

4.4 합성 바이러스의 이용

이렇게 합성된 바이러스들은 여러 가지로 이용될 수 있다. 의학적으로 세균에 의해 발생하는 질병일 경우 합성바이러스를 이용하여 원인균을 찾아 파괴하도록 하는 것이 가능해지며, 이외에도 약물 전달 시스템에 합성바이러스를 이용하여 질병을 일으키고 있는 곳에 약물을 전달하는 방법도 가능하다. 이렇게 함으로써 암을 찾아 암세포를 파괴하는 것도 가능해질 것이라고 본다. 그러나 합성 바이러스는 생물테러와 같은 생물 무기로 이용될 수 있다는 점에서 문제가 될 수 있는데 이 부분은 뒷장에서 자세히 다룰 것이다. 모든 과학처럼 합성 생물학도 양면성을 가진다는 것을 항상 염두에 두어야 한다.

학습정리

1. 소아마비 바이러스의 합성은 합성한 바이러스가 자연 상태의 바이러스와 마찬가지로 증식할 수 있음을 보여 주었다.
2. 박테리오파지의 합성은 긴 DNA의 신속, 정확한 합성 기술을 개발하는데 크게 기여하였다.

3. 과거의 독감 바이러스를 합성하여 복원함으로써 현재 독감에 대한 이해가 가능하게 되었다.

참고문헌

4.1 소아마비 바이러스의 합성

Cello, J., Paul, A.V., and Wimmer, E. 2002. Chemical Synthesis of Poliovirus cDNA: Generation of infectious virus in the absence of natural template. *Science* 297: 1016-1018.

http://bilbo.bio.purdue.edu/~baker/projects/picorna/polio/polio.html

4.2 박테리오파지 ΦX174의 합성

Smith, H.O., Hutchison, C.A., Pfannkoch, C., and Venter, J.C. 2003. Generating a synthetic genome by whole genome assembly: ΦX174 bacteriophage from synthetic oligonucleotides. *Proc. Natl. Acad. Sci.* USA. 100: 15440-15445.

4.3 독감 바이러스의 합성

http://www.ninthday.com/spanish_flu.html

Reid, A.H., Fanning, T.G., Janczewski, T.A., and Taubenberger, J.K. 2000. Characterization of the 1918 "Spanish" influenza virus neuraminidase gene. 97: PNAS. 6785-6790.

5장 세포 합성

2005년 2월 23일 한국합성생물학회가 창립되었으며, 이를 기념하는 국제학술대회 SynBio 2005와 워크숍 SLife 0.5가 충북대학교에서 개최되었다.

5장 세포 합성

학습목표

유전자, 바이러스보다 큰 유전체를 가지고 있는 세균 세포의 합성을 다룰 시간이 되었다. 합성생명(synthetic life, 생명체의 합성), 합성세포(synthetic cell)에 대한 기본적인 개념을 이해하고 세포합성의 원리와 활용분야에 대해 논의하여 보자.

우리는 흔히 사람이 만든 것에 '인공'이라는 용어를 많이 사용하고 있다. 그래서 인공생명, 인공세포라는 용어에 친밀감을 가지고 있을 것이다. 이 용어들을 정의하여 보자면 인공생명(artificial life)이라는 것은 이미 컴퓨터 과학에서 아주 오래전부터 널리 사용되었던 용어로서 살아있는 생명체가 아니고 컴퓨터상에서만 움직이는 유기체의 기본적인 특성을 나타내는 것을 뜻한다. 따라서 인공생명은 생명체가 아니면서 생명체와 유사한 성격을 가지고 있는 컴퓨터상의 프로그램(소프트웨어)이라고 볼 수 있다. 마찬가지로 인공세포 역시 실제로 살아있는 세포가 아니라 세포의 기능을 일부 대신 수행해 줄 수 있도록 만든 기계이다. 이러한 측면으로 볼 때 인공생명, 인공세포라고 하는 것은 세포적 기능을 수행하도록 사람이 만든 것이지만 살아있는 세포, 살아있는 생명이 아니라는 점에서 우리가 다루는 것과 혼란의 여지가 있다. 이 때문에 합성생명과 합성세포라는 용어를 사용하고 있는 것이다. 합성생명은 synthethic life라고 하며, 합성세포는 synthethic cell이라고 한다. 물론 우리가 사용하는 합성생물학의 범주에도 꼭 살아서 움직이는 것만을 포함하고 있는 것은 아니고 실제로 살아 움직이는 세포일 수도 있고 아니면 세포의 기능을 모방하고 활용하는 일종의 협의의 생물계(bio-system)일 수도 있다. 이러한 의미에서 합성생명과 합성세포를 다시 한 번 정리 해본다면 합성한 유전체를 지님으로써 어떤 생명현상을 나타내도록 만들어진 생물계 또는 세포라고 정의할 수 있다. 이러한 합성세포를 만드는 과정은 유전체 합성 과정과 세포합성과정으로 나눌 수 있는데 유전체 합성과정은 8장에서 상세히 다루기로 한다.

5.1 최소유전체(minimal genome)

합성세포를 만드는데 있어서 가장 중요한 것은 기본적으로 그 유전체를 최소화하여야 한다는 것이다. 이런 최소화된 유전체 즉, 생명유지에 필수적인 유전자로만 구성되어 있는 것을 최소유전체라고 한다. 우리가 최소유전체를 밝히려고 하는 것은 생명의 기본을 이해하고자 하는 것이며, 또한 가장 간단한 기본 골격으로 이루어진 최소세포를 합성할 때 활용하고자 함이다. 합성한 유전자를 세포내로 주입시켰을 대 불필요한 대사 작용은 하지 않고 원하는 기능만 해야 최적의 효율을 얻을 수 있게 되기 때문이다.

최소유전체를 밝혀내기 위해서는 생명정보학적인 분석과 유전학적인 분석을 필요로 하는 데 먼저 생명정보학적인 분석을 통해서 가능성이 있는 유전자를 찾아내고 이것을 유전학적인 분석을 통해서 확인하는 것이 필요하다. 생명정보학적 접근은 유전체 서열이 모두 밝혀진 생물체를 필요로 한다. 이 생물체들의 서열을 비교 했을 때 필수유전자라면 생물체 모두에 공통적으로 나타날 것이므로 공통적인 유전자만을 찾아내어 이들을 유전학적인 분석을 통해 실제 필수 유전자인지 아닌지를 확인하는 것이 주된 방법이다. 현재 *Mycoplasma genitalium, Escherichia coli,* 효모 등 많은 생물체의 최소유전체를 밝혀내는 연구 사업이 진행되었고 일부는 현재 진행되고 있다.

5.1.1 생명정보학적인 분석 방법

생명정보학적인 방법은 생명유지에 필수적인 유전자라면 모든 종이 공통으로 가질 것이라는 이론에 기반을 두고 있다. 그렇다면 각각의 종에서 공통으로 존재하며 같은 기능을 하는 유전자를 어떻게 찾을 것인가? 이미 서열이 모두 밝혀진 *Mycoplasma genitalium, Haemophilus influenzae*를 통해 알아보자. *M. genitalium*은 그람 양성이고 468개의 유전자로 구성되어 있으며 *H. influenzae*는 그람 음성이며 1,703개의 유전자로 구성되어 있다. 두 종간의 전체 서열을 비교했을 때, *M. genitalium*의 A 유전자가 *H. influenzae*의 B와 가장 잘 일치하고 또한 *H. influenzae*의 B가 *M. genitalium*의 A와 가장 잘 일치하는 경우를 bidirectional best hit(양방향 모두에서 일치도가 높다)라고 하며 이러한 관계를 직계(ortholog)라고 한다. 반면, *M. genitalium*의 A는 *H. influenzae*의 B에 best hit이나, *H. influenzae*의 B는 *M. genitalium*의 A가 아닌 것에 best hit일 경우에는 서로 측계(paralog)라고 한다. *M. genitalium*과 *H. influenzae*의 유전체를 비교해보면 *M. genitalium*의 468개의 유전자 중에서 *H. influenzae*에 best hit관계에 있는 유전자가 240개가 발견되었는데 이 유전자는 240개의 직계 유전자로 밝혀졌다. 그런데 이 외에 22개의 유전자는 서로 직계 관계는 아니지만 기능적으로 볼 때에는 반드시 필요로 하는 유전자(nonorthologous displacements - 이는 비직계치환이라고 하는데 서열의 일치도는 낮지만 같은 기능을 하는 것)들이 있기 때문에 이 22개를 포함시켜야 한다. 반면에 직계 관계이기는 하지만 이들 중 기능적으로 볼 때 중복되어 있기 때문에 없애도 되는 유전자와 parasite-specific하기 때문에 일반 세포에서는 없어도 되는 유전자가 6개이다. 그래서 이 6개의 유전자를 빼면 256개의 유전자가 최소유전체를 구성하고 있는 필수유전자일 것으로 예상된다. 이런 식으로 유전체가 밝혀져 있는 것을 비교하면 할수록 이 숫자는 점점 더 작아지게 되고 궁극적으로 최소유전체를 찾아 낼 수 있을 것이다. 그림 5.1에서 생물 종 1, 2, 3, 4, 5가 가지고 있는 각각의 유전자 중에서 a, d, f는 모든 종이 공통적으로 가지

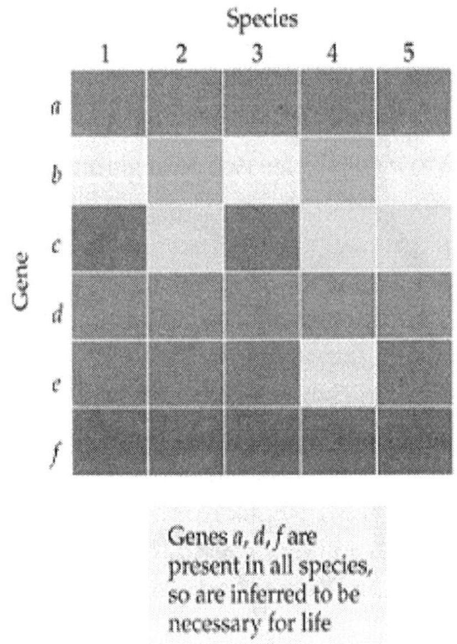

그림 5.1 필수 유전자와 최소유전체 Gibson & Muse, 2002

고 있는 유전자인 반면에 b와 같은 유전자는 2와 4에서는 나타나지만 1, 3, 5는 가지고 있지 않다. 이로써 a, d, f는 필수유전자, b는 비필수유전자임을 알 수 있다. c와 e도 마찬가지로 비필수유전자이다.

생명정보학적 분석으로 알아볼 때에 아주 비슷한 생물 종끼리 비교할 경우 공통 유전자부분이 많아 최소유전체를 밝히는데 어려움이 있다. 따라서 차이가 큰 종을 비교하는 것이 유리하다. 이로써 최소유전체를 구성하고 있는 유전자들을 점점 좁혀나갈 수 있을 것이다.

5.1.2 실험적 분석 방법

또 다른 방법인 유전학적인 분석법은 '어떤 유전자를 돌연변이 시켜도 균주가 살아남는다면 이 유전자는 비필수유전자일 것이고 어떤 유전자를 돌연변이 시켰을 때, 균주가 살아남지 못한다면 이것은 필수유전자일 것이다.'라는 전제하에 전개된다. 그림 5.2에서처럼 b 유전자를 돌연변이 시켰음에도 불구하고 살아 있을 경우, b 유전자는 비필수유전자라고 본다. 이는 c나 e 유전자도 마찬가지이다. 이러한

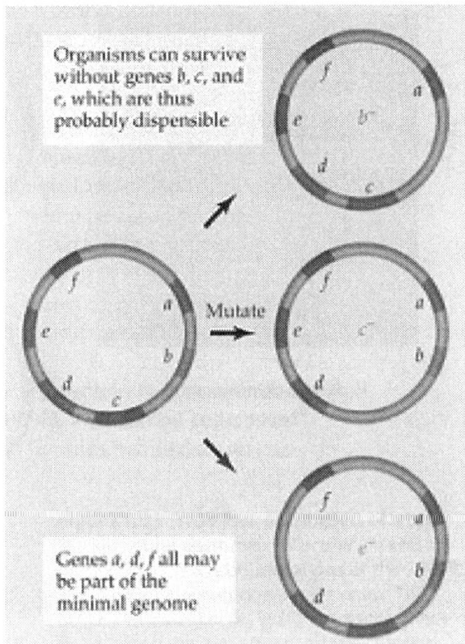

그림 5.2 최소유전체를 밝히는 실험적 분석
Gibson & Muse, 2002

전제로 할 수 있는 첫 번째 실험적 방법은 트랜스포존을 이용하여 전체 유전체에 대한 돌연변이를 유발시키는 방법이다. Venter는 전역 트랜스포존 돌연변이 유도법(global transposon mutagenesis)을 이용하여 *M. genitalium*의 최소유전체를 연구하였다. 즉, 무작위적으로 전체 유전체에 대하여 트랜스포존 돌연변이를 유도한 다음 살아남은 돌연변이체에서 트랜스포존이 삽입된 위치의 유전자가 무엇인지를 알아내었다. 이렇게 해서 비필수유전자들을 알아내고 나머지는 필수유전자로 판단한다. 즉, 트랜스포존이 삽입되어 변이가 생기면 죽어버리기 때문에 삽입 돌연변이체가 발견되지 않는 유전자들을 필수 유전자로 판단하는 것이다. Venter는 1999년 발표한 첫 번째 논문에 이어 2006년에도 이를 보완하여 완성한 두 번째 논문을 발표하면서 *M. genitalium*에 존재하는 525개의 유전자(482개의 단백질 유전자와 43개의 RNA 유전자) 중에서 387개의 단백질 유전자와 43개의 RNA 유전자가 필수적임을 밝혔다. 그리고 이 연구결과를 2007년 최소세균유전체(minimal bacterial genome)라는 제목으로 미국 특허청(특허신청번호: 20070122826)과 세계지적재산권기구에 특허(번호 WO200 7047148)

를 신청하였다. 두 번째로 순차적 결실(serial deletion)방법은 최소유전자 구성을 밝혀내는 동시에 최소유전체도 제조할 수 있는 방법으로 염색체의 일부분을 단계적 결실을 시키면서 살 수 있는지 없는지의 여부를 추적해 나가는 것이다. 이는 매우 힘들고 시간이 많이 걸리는 단점이 있지만 최소유전체를 제조할 수 있다는 장점이 있다.

5.1.3 최소유전체 연구에 있어서 고려해야 할 점

개별적으로 돌연변이를 유발시켰을 때 생존이 가능해서 비필수유전자라고 생각을 하지만 두 개 이상의 돌연변이가 조합이 되었을 때에는 생물체의 생장에 치명적인 경우가 있는데 이러한 현상을 합성치사(synthetic lethality)라고 한다. 이것은 비필수유전자로 생각되던 유전자가 사실상 필수적인 역할을 하고 있다는 것을 의미한다. 또한 시험된 환경에서는 불필요하다고 생각되어져왔지만 다른 환경에서는 필수적으로 작용할 유전자의 존재 가능성이 매우 높기 때문에 주의해야 한다. 결국 합성세포는 여러 환경에서 여러 목적으로 사용이 된다고 볼 때에 환경에 따른 최소유전체의 차이를 간과해서는 안 될 것이다. 다른 한편으로는 환경변화에 민감한 합성생명체는 인간의 의도에 따라 통제가 쉽다는 장점을 가질 수 있다.

5.2 세포막과 세포질

최소유전체를 알아내고 그것을 이용하여 유전체를 준비하였다면(자세한 방법은 8장에 기술) 이 유전체를 세포에 주입하여야 할 것이다. 이때 세포막은 인위적으로 합성한 막을 활용할 수도 있고 합성한 막 대신에 자연적인 세포막을 활용할 수도 있다. 또한 세포막도 자연적인 기존의 세포를 이용하거나, 원하는 형태로 세포질을 치환할 수도 있고, 세포막과 세포질 모두를 모든 유전체가 전사 될 수 있도록 만든 만능의 합성세포질을 만드는 방법도 있겠다. 현재 세포막 합성은

Luisi 박사팀이 활발히 연구 하고 있는데(그림 5.3) 예로 살펴보면, Luisi 박사팀은 리포솜 안에 실제 세포의 다양한 구성요소를 대신하여 36가지 정제된 효소와 리보솜과 tRNA 등을 혼합하여 넣어주었고

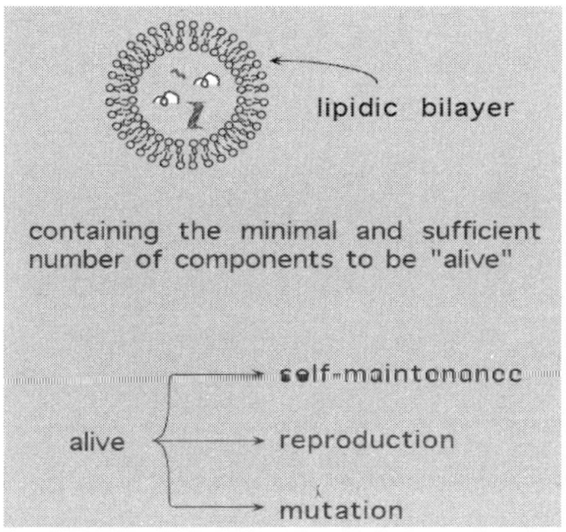

그림 5.3 합성 최소 세포 개념도 (Luisi *et al.*, 2006)

여기에 녹색 빛을 내는 단백질 유전자를 넣어 발현시키는데 성공하였다. 이는 합성세포를 만드는데 바탕이 될 연구이다. 그러나 이 실험은 대장균에서 분리한 리보솜과 tRNA를 사용한 일종의 *in vitro* transcription and translation 연구로써 앞으로 합성 세포를 만들기 위해서는 해결해야 할 문제점이 많이 있다.

5.3 유전체 이식(genome transplantation)

유전체 설계와 합성을 한 후에는 세포의 합성 단계로 들어가게 되는데 합성유전체를 막에 주입하고 막 안으로 들어간 유전체를 전사시키는 것이 핵심이 된다. 어떻게 하면 긴 유전체를 세포내로 주입하여 전사하도록 할 수 있을까? 여기에 대한 해답은 Venter박사 팀이 2007년 8월 3일자 'Science'지에 발표한 논문에서 얻을 수 있다.

*Mycoplasma mycoides*의 유전체 DNA를 분리하여 다른 종인 *Mycoplasma capricolum* 세포에 이식함으로써 수용세포를 공여세포의

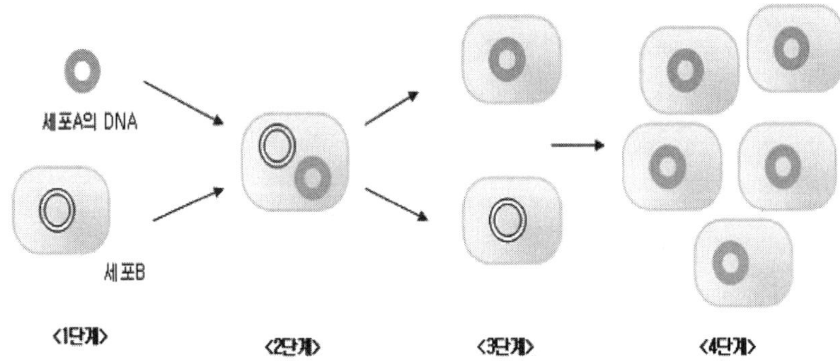

그림 5.4 유전체 이식

종으로 변환시키는데 성공하였다. 그림 5.4에서와 같이 공여세포의 유전체 DNA를 분리하여 순수한 DNA 형태로 수용세포인 *M. capricolum* 세포에 넣어준다(1단계). *M. mycoides* DNA를 받아들인 *M. capricolum* 세포는 생장과 더불어 세포분열을 하게 되는데, 이때 *M. capricolum*의 원형질막에 *M. mycoides* 유전체만을 가진 딸세포가 만들어지게 되고(2단계), 이러한 세포를 순수한 *M. capricolum* 세포와 구별해 내기 위하여 테트라사이클린 항생제를 이용한다(3단계). *M. capricolum* 세포는 항생제에 내성이 없으나 *M. mycoides* 유전체에는 항생제 내성 유전자가 포함되어 있어 결국 *M. mycoides* 세포의 성질로 변한 세포만 살아남게 된다. 즉, 수용세포에 유전체 이식을 하면 유전체의 특성을 지닌 종으로 바뀔 수 있음을 보여준 것이다. 유전체 이식 실험은 기술적인 측면에서 보면 세균의 유전체와 같은 커다란 크기의 DNA를 세포 내로 주입할 수 있다는 것에 의미가 있으며, 이는 최소유전체를 합성한 다음 같은 기술로 합성 최소세포를 만들어 내기 위해서 행한 전 단계의 연구로 보아야 한다. Venter 박사는 인공적으로 합성한 최소 유전체로부터 생성된 합성세포가 곧 생성될 것이며 그 이름은 '*Mycoplasma laboratorium*'이라고 밝히고 있다.

5.4 합성세포의 종류

합성세포를 만들기 위해서는 최소세포의 개념이 필요하다. 최소세포란 생명체가 살아가는데 필수적인 유전자인 최소유전체를 가지는 세포를 의미한다. 즉, 최소유전체를 가진 세포를 최소세포라고 한다. 최소세포에는 현재 살아있는 세포의 유전자를 제거해나가면서 생존에 필요한 최소한의 유전체를 가지게 하는 top-down방식이 있고, 세포의 구성 요소를 하나하나 합성해나가면서 세포로써의 기능을 하게 하는 bottom-up 방식이 있다.

합성세포를 만들려면 먼저 유전체를 설계해야 하는데 유전체 설계를 성공적으로 하려면 세포의 최소유전체를 먼저 이해하고 이 최소유전자의 구성이 어떻게 배열되었고 어떤 위치를 차지하여 조절되는지를 알아내는 것이 필요하다. 또한 이렇게 설계한 유전체를 합성하는 데에 상응하는 기술이 요구된다. Venter 박사는 약 50mer 크기의 올리고뉴클레오타이드 10^4 개를 이용하여 582,970 bp의 *Mycoplasma genitalium*의 유전체를 완전하게 합성하는데 성공하였다. 앞으로 더욱 시간을 단축시키고, 정확성을 높이기 위한 자동화된 합성 기술의 개발이 필요하다(그림 5.5).

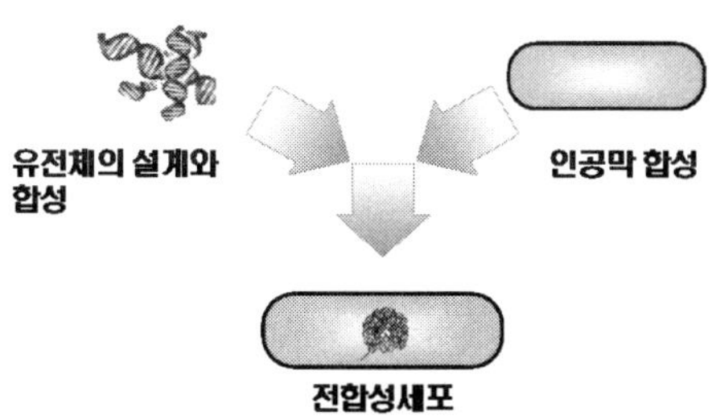

그림 5.5 전합성 세포

5.4.1 최소세포 기반 합성세포

최소세포 기반 합성세포는 개념적으로 볼 때에는 현존하는 세포의 전체 유전체에 존재하는 비필수유전자들을 계속 제거해나감으로써 최소 유전체를 가지고 있는 최소세포를 만들어내고 이 최소세포를 기반으로 우리가 원하는 기능을 수행하는 합성 생물계 즉, 원하는 기능을 가지는 유전자를 최소유전체에 주입함으로써 결국 우리가 원하는 기능을 수행하는 합성세포(synthetic cell)를 만드는 것이다. 이것은 비교적 다른 합성 세포보다는 이른 시기에 가능하게 될 것으로 여겨지고 있다(그림 5.6)

그림 5.6 최소세포 기반 합성세포

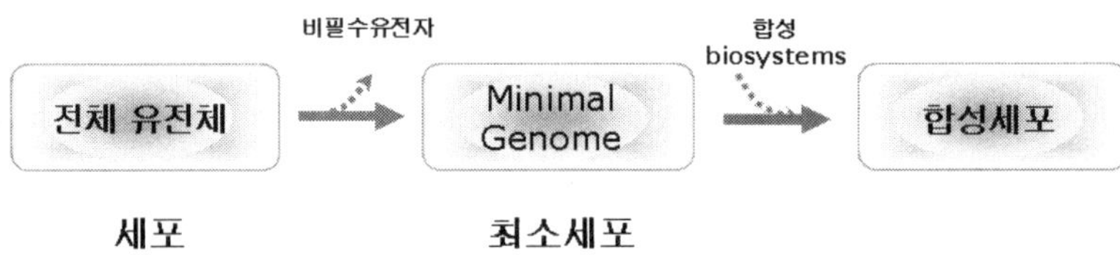

5.4.2 반합성세포(semi-synthetic cell)

반 합성 세포는 기존의 세포가 가지는 세포막에 합성한 유전체를 주입한 것이다. 이는 최소세포에 원하는 기능을 가지는 유전자만 도입했던 최소세포 기반 합성세포와는 다르게 합성한 전체 genome을 주입하는 것이다(그림 5.7).

그림 5.7 반합성세포

5.4.3 전합성세포(wholly synthetic cell)

전합성세포는 합성 막을 만들고 막 안에 스스로 유지할 수 있고 복제할 수 있으며 변이를 통해서 진화할 수 있는 합성한 유전체를 주입하여 하나의 생명체로 살아갈 수 있게 합성한 세포를 의미한다. 지금의 기술로는 전 합성 세포를 만들기에는 어려움이 있다. 그러나 여기에 기본이 되는 연구들이 선행되어지고 이를 다룰 수 있는 극미세조작 기술 등이 더 발달한다면 전합성세포를 만들 수 있게 될 것이다(그림 5.8).

그림 5.8 전합성세포

5.5 합성세포의 이용

합성세포 기술이 개발되고 자동화가 된다면 간단한 컴퓨터 조작을 통해서 여러 가지 기능을 갖춘 다양한 생물이 만들어질 것이다. 이러한 생물계들은 불필요한 에너지 소모를 최소화하고 목표물질을 생산하는 데에 최적화된 세포 반응기로 개발이 될 수 있을 것이고 동시에 많은 산업용 균주, 암세포를 탐지하거나 공격하는 균주, 많은 바이오 에너지를 생산하는 생물계를 개발하는 데에 활용이 될 것이다. 예를 들면, 지구온난화 문제를 해결하는데 도움을 줄 수 있도록 빛에너지를 이용하여 과도한 이산화탄소를 흡수하여 부탄, 프로판, 또는 석유와 같은 연료를 생산할 수 있는 균주를 만들어낼 수도 있을 것이라고 Venter는 주장한다. 일부 구체적인 사안에서는 생각이 다소 다를 수 있지만 원론적인 면에서는 전 세계 과학자들이 동감하고 있다. 이러한 합성생물학은 앞으로 엄청난 영향력을 미칠 수 있는 컴퓨터 과학 및 산업에 견줄만한 중요한 분야로 우리나라도 이런 흐름에 뒤처지지 않도록 철저한 대비를 해야 할 것이다.

학습정리

1. 합성생명체를 만들기 위해 최소유전체에 대한 개념을 이해한다.
2. 최소유전체를 주입할 세포막과 세포질에 대한 개념을 이해하고 이들을 어떻게 합성하는지 연구가 필요하다.
3. 합성세포에는 어떤 것이 있는지 알아보고 각각의 개념을 이해한다.
4. 앞으로 합성세포가 활용될 수 있는 분야는 매우 넓다.

참고문헌

5.1 최소유전체

http://www.tigr.org/minimal

Gibson & Muse (2002) A primer of genome science.

5.2 세포막과 세포질

Luisi, P.L., Ferri, F., and Stano, P. 2006. Approaches to semi-synthetic minimal cells. *Naturwissenschaften* 93: 1-13.

5.3 유전체 이식

Carole Lartigue, John I. Glass, and J. Crag venter, 2007. Genome Transplantation in Bacteria: Chainging One Species to Another. Science 317:632-638

5.4 합성세포의 종류

Daniel G. Gibson, Gwynedd A. Bengers,Hamilton O. Smith, 2008. Complete Chemical Synthesis, Assembly, and Cloning of a *Mycoplasma genitalium* Genome. Science

6장 합성생물학 - 생물학의 공학적 접근

EU 집행위원회에서 채택한 유럽과 북미의 합성생물학 연구에 관한 분석 보고서로 2005년 10월에 발간되었다. 합성생물학 분야에 대한 유럽의 체계적 지원이 시작되는 계기가 되었다.

6장 합성생물학 – 생물학의 공학적 접근

학습목표

과학, 공학 그리고 기술의 개념 차이를 짚어보고 합성생물학이 추구하고 있는 목표인 생물학의 공학적 접근을 가능케 하는 도구와 기술에 대해서 알아보도록 한다. 기술 중에서 부품의 표준화를 위한 프로젝트인 BioBricks(바이오브릭)의 원리와 조립 방법 등을 살펴보도록 한다.

6.1 과학, 공학 그리고 기술

합성생물학의 정의를 한마디로 표현하면 '생물학의 공학적 접근'이라고 할 수 있다. 그렇다면 오늘날 우리가 많이 사용하고 있는 생물공학과 합성생물학은 어떤 개념적 차이를 가지고 있을까? 이를 이해하기 위해서는 과학(science), 공학(engineering), 기술(technology)의 개념 차이를 분명히 해야 한다(그림 6.1).

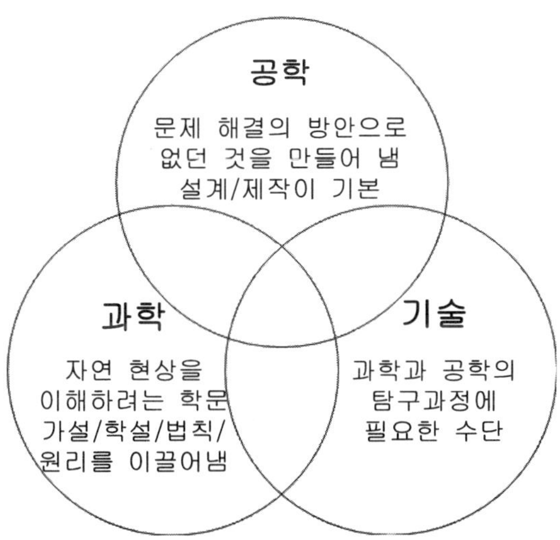

그림 6.1 과학, 기술, 공학의 관계

먼저 과학은 자연계에 있는 어떤 현상을 이해하려는 학문으로 원리나 법칙, 가설, 학설들을 이끌어 내게 된다. 그리고 공학은 현상으로 존재하는 것을 탐구하는 과학과는 달리 문제를 해결하기 위한 방안으로써 자연계에 존재하지 않는 것을 만들어 내는 연구를 한다. 이러한 과학과 공학의 탐구과정에서 반드시 필요한 것이 기술로 이들을 발전시키는데 있어서 하나의 수단이 된다. 이 기술을 뜻하는 technology라는 용어는 기술 공학 또는 공학이라고도 흔히 번역되고 있다. 우리가 현재 사용하고 있는 생물공학이라는 용어는 biotechnology를 번역한 것으로서 공학이라기보다는 기술에 속한다고 말할 수 있다. 이런 측면에서 공약을 다시 정리해보면 공학이란, 과학이 이루어낸 지식과 기술을 토대로 하여 없던 것을 새로이 설계하고 만들어가는 과정이라고 할 수 있다. 이러한 맥락에서 생물학 분야에 공학적 개념을 도입한 합성생물학은 명실상부한 생명공학을 지향하고 있다. 그렇기 때문에 다른 여타 공학의 과정과 마찬가지로 합성생물학에서도 설계와 이를 바탕으로 한 제작, 이 두 가지 과정이 매우 중요한 부분을 차지한다.

6.2 시스템 설계와 제작

합성생물학은 자연계에 없던 것을 새로이 만들어 내기 위하여 공학적 접근을 지향하고 있으며, 시스템의 설계 부분과 설계된 시스템을 제작하는 두 부분으로 이루어져 있다고 할 수 있다(그림 6.2).

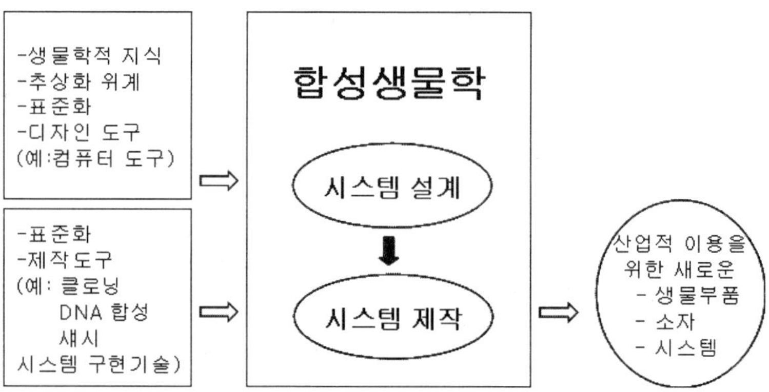

그림 6.2 설계와 제작을 기반으로 한 합성생물학

복잡한 시스템 설계의 주요 개념은 모듈성, 추상화, 표준화이다. 모듈성은 커다란 그리고 복잡한 문제를 다루기 쉬운 모듈로 나눌 수 있게 한다. 쓸모 있는 모듈은 추상화 경계가 잘 정의되어 있다. 추상화의 효율성은 모듈을 서로 연결해주는 입력 및 출력 인터페이스의 정의에 달려있다. 추상화 위계(abstraction hierarchy)는 각 서로 다른 복잡성 수준에서 모듈을 만들 수 있게 한다(그림 6.3).

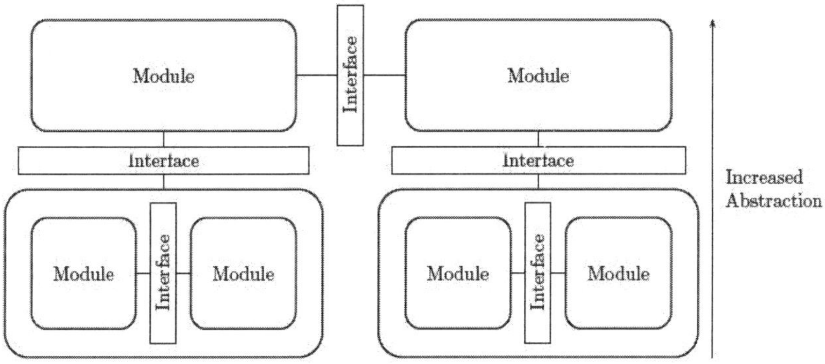

그림 6.3 모듈은 인터페이스를 통해 서로 연결된 블랙박스와 같다.

표준화는 각 모듈들이 같은 표준 인터페이스와 소통할 수 있는 상호운용성을 부여한다. 매우 복잡한 생물계를 설계하기 위해서는 합성생물학을 위한 추상화 위계를 개발할 필요가 있다. 현재로서는 어떠한 것이 가장 유용한지 확실치 않은, 미성숙 단계라 할 수 있다. 몇 가지 후보 추상화 위계가 제시되어 있지만 가장 먼저 제시된 DNA, parts, devices and systems model을 간단히 살펴보도록 하자(그림 6.4).

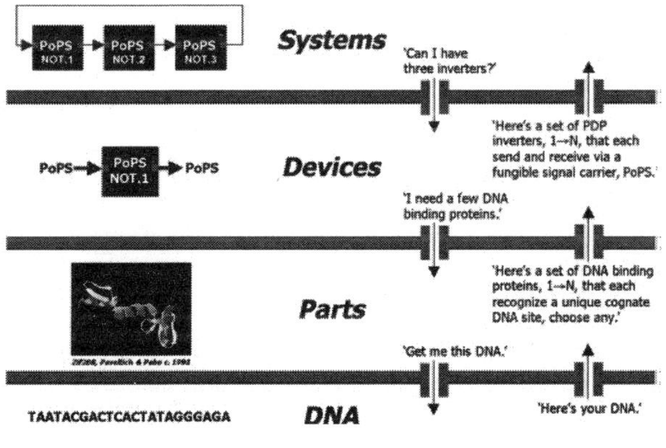

그림 6.4 DNA, 부품, 소자, 시스템 모델

어떠한 시스템을 묘사하고 모델링할 때에 여러 추상화 수준에서 하게 되는데 하나의 시스템을 제일 낮은 수준에서 추상화 할 때, 각각을 구성하고 있는 소위 부품 수준에서의 물리적이고 구체적인 설계까지 포함하며, 높은 단계에서 추상화할 때 상당히 기능적인 측면에서 묘사할 수 있다. 즉, 보는 관점에 따라 시스템 수준에서도 볼 수 있으며, 시스템을 구성하고 독립적으로 기능(작용)을 하는 소자 수준에서도 볼 수 있으며, 이 소자를 이루고 있는 각각의 부품 수준에서 기술 할 수도 있다. 그리고 이 부품을 만들게 하는 DNA 수준에서 기술 할 수도 있다. 예로, 추상화 계층 DNA는 일종의 염기서열이며 부품은 RBS, CDS, 프로모터, 터미네이터 등이며, 소자는 변환장치, 시스템은 링진동기(9장)를 들 수 있다.

몇 개의 부품으로 변환장치(inverter)를 만들어 보자. 어떤 장치에서 입력되는 값이 참일 때 출력은 거짓 값이 되고(예를 들어 1이라는 값이 들어오면 0이라는 값으로써 출력을 하는 것이다), 반대로 입력되는 값이 거짓일 때 출력은 참 값이 된다(0의 값이 들어오면 1로 내준다). 이러한 장치를 변환장치라고 한다(그림 6.5 a, b).

그림 6.5 변환장치

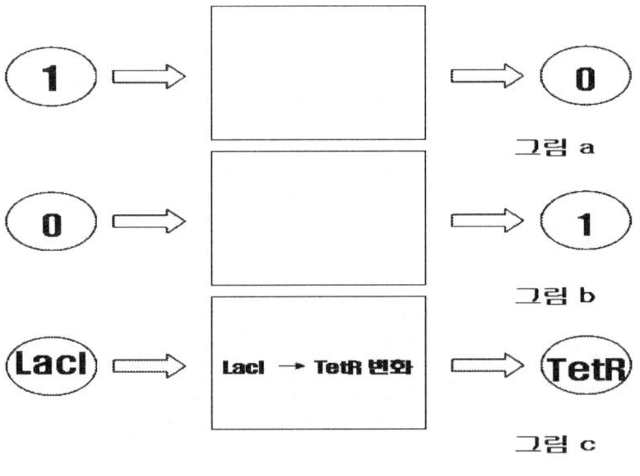

생물학적 장치를 만들 때 입출력 값은 보통 단백질로써 표현하는데 LacI라는 단백질로 입력 값을 표현하고 출력 값은 TetR로 표현한 LacI→TetR 변환장치를 만들어보자(그림 6.5 c). 여기서는 LacI가 들어오면 TetR이 만들어지지 않고 LacI가 들어오지 않으면 TetR이 만들어진다. 이 변환장치의 부품으로는 Lac 억제자와 Tet 억제자는 물론 변

환장치로써의 역할이 블랙박스 안에서 일어나도록 프로모터와 작동자(operator) 같은 것들이 필요하다(그림 6.6).

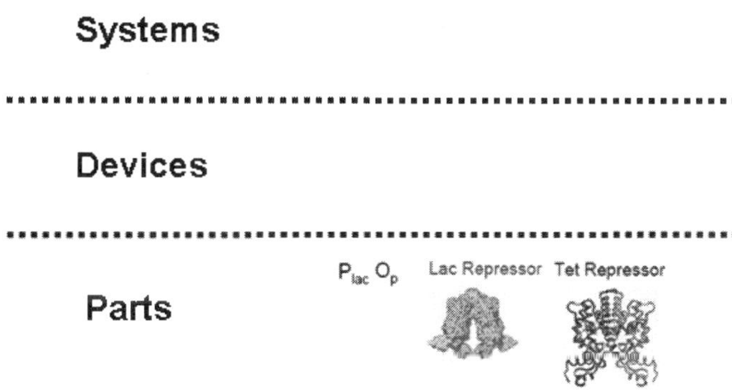

그림 6.6 추상화의 부품 계층

P_{lac}에 O_p가 같이 있고 P_{lac}의 지배를 tetR 유전자가 받도록 만들어주면 Lac 억제자가 입력이 되면 Lac 억제자는 O_p에 결합을 해서 tetR의 합성을 억제한다. 즉, Lac 억제자가 들어오면 tetR이 만들어지지 않고 Lac 억제자가 들어오지 않으면 tetR이 만들어지는 장치가 되는 것이다(그림 6.7).

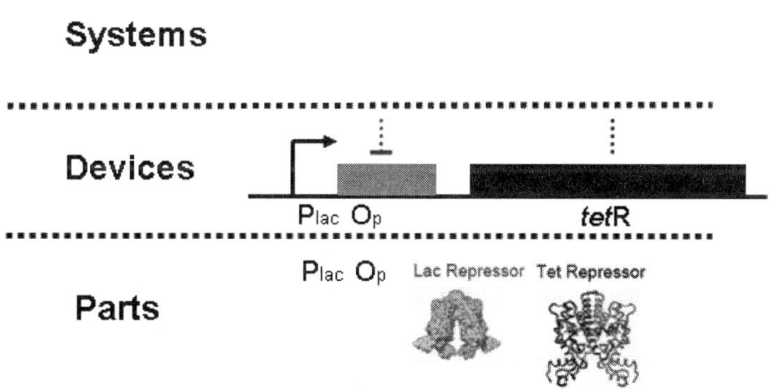

그림 6.7 추상화의 소자 계층

이런 여러 개의 장치를 연결해서 다중 변환장치 시스템과 같은 것을 만들 수도 있고 이 변환장치와 다른 장치를 연결해서 시스템을 만들 수도 있다(그림 6.8).

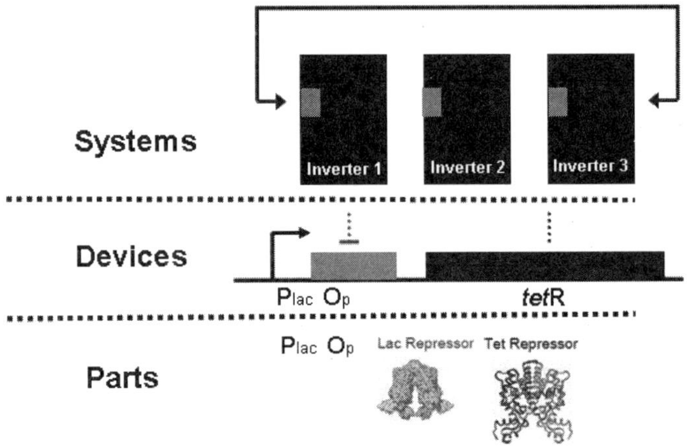

그림 6.8 추상화 시스템

구체적인 시스템 설계 사례로 변환장치, 토글스위치(toggle switches), 진동기(oscillators), 세포-세포 통신네트워크(cell-cell communication networks), 신호전이(signal transduction) 등이 있는데 이에 대해서는 9장에서 알아보도록 한다.

시스템 설계가 완성되면 제작을 해야 하는데 이를 위해서는 제작도구가 필요하다. 여기에는 클로닝의 표준화, DNA 합성(7장), 섀시 그리고 시스템 구현 기술들이 요구된다. 먼저 클로닝이란 원하는 유전자를 대량으로 획득하기 위해서 운반체에 원하는 유전자를 실어 숙주세포에 넣어 증폭시키는 기술이다. 시스템을 제작하기 위해서는 원하는 것은 무엇이든 넣을 수 있는 표준화된 운반체가 필요하다. 여기에 대한 이야기는 6.3.1에서 자세히 공부하도록 하자. 먼저 섀시를 살펴보면 섀시(chassis)는 자동차에서 차대라고 번역을 한 것으로 차체를 더하면 완전한 자동차로써 굴러가기도 하지만 차체 없이도 기본적인 자동차의 기능을 수행할 수 있다. 합성생물학에서 섀시라는 개념은 경우에 따라서 달리 사용이 되고 있지만, 골격을 이루고 있는 숙주의 유전체 또는 세포 자체를 뜻하기도 한다. 이는 기본 골격이 있고 실제로 원하는 기능을 수행하도록 설계하고 합성한 DNA를 만들어서 이를 섀시에다 싣고 결국에는 어떤 하나의 기능을 수행하는 적절한 유기체를 실현하는 것이다. 숙주세포가 살아가는데 필수적인 기본 역할을 하면서 우리가 원하는 특수한 기능을 수행하도록 하는 것으로, 최소 기능만을 갖도록 하는 것이 중요하다 왜냐하면 생물체가 가지고 있는 복잡성을 줄여주는 효과가 있기 때문이다. 복잡하게 나타나는 현상은 결과를 이해하기 어렵고 해석하는데 큰 혼선이 올 수 있기 때문에 될 수 있는 대로 시스템을 간단명료하게 만들어주는 것이 필요하다. 따라서 섀시는 최소 유전체를 갖는 것이 중요하다. 최소유전체 설명 시에도 언급했듯이 *Mycoplasma genitalium*을 이용해 많은 연구가 이루어지고 있고, *Mesoplasma florum*은 비병원성이면서 유전체의 크기도 작고 배양 성질 또한 매력적이어서 주목을 받고 있다. 이외에 세균의 대표주자격인 대장균도 연구되고 있다. 이 대장균을 섀시로 만들기 위해서 유전체 크기를 줄여가고 있는데 초기에는 6% 그리고 8%, 현재는 15%까지 줄였다. 그람양성균의 대표주자격인 *Bacillus subtilis*의 경우도 현재 8% 정도 줄였다. 이렇게 섀시가 완성이 되면 우리가 원하는 유전자의 기능을 갖는 DNA 조각이나 유전체 수준의 DNA를 섀시에 넣어서 구현시킨다. 구현하는 방법에는 유전체공학 기술이과 메가 클로닝 방법이 있다. 다시 말해서 상동성 재조합에 기반을 둔 조작 기술을 통해 섀시에 실어 구현시킬 수가 있다. 그러나 원래 유전체를 단계적으로 줄여나가면서 동물 유전체를 갖는 섀시를 만드는 것은 상당히 어려워 top-down 방식이 아닌 bottom-up 방식으로 처음부터 유전체 서열을 설계하고 합성하여 만드는 방식이 좀 더 현실적으로 가능성이 있다. 이러한 합성생물학에서의 생물학적 시스템은 다른 시스템과는 달리 복제하고 진화한다는 의미에서 약간의 불안정성을 가지고 있음을 염두에 두어야 한다.

6.3 바이오브릭 원리

바이오브릭 표준 생물 부품은 구조와 기능이 명확히 규정된 DNA 서열로서 새로운 바이오시스템을 구축할 때 사용할 수 있도록 고안되었다. 바이오브릭이란 용어는 브랜드명으로서 바이오브릭 부품은 Knight 박사와 Endy 박사에 의해 도입되었다(그림 6.9). 여기에는 여

그림 6.9 바이오브릭 부품의 소개 (http://parts.mit.edu/registry/index.php/Help:Contents)

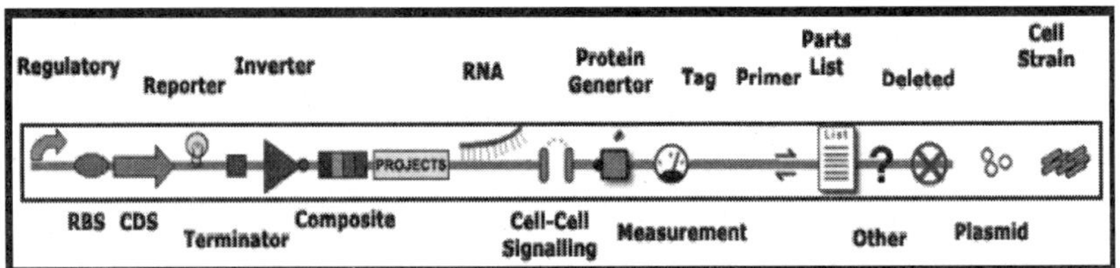

Basic			Composite		
Symbol	Type	Description	Symbol	Type	Description
R	Regulatory	Operator region	E	Reoporter	Compound reporter devices
B	RBS	Ribosome Binding Site	Q	Inverter	
C	CDS	CoDing Sequence (protein)		Composite	
B	Terminator	Transcriptional terminator	I	Project	Student projects
	RNA	RNA binding site and coding	G	Generator	TIPS-to-protein converter
	Signalling	cell-cell signalling		Measurement	Performance measurement constructs
E	Reporter	Basic reporter CDS	T	Temporary	Temporary and trail parts
V	Plasmid		S	Intermidiate	Generated during assembly
V	Cell	Cell strains (prokaryotic)		Other	Parts not yet classified

러 가지 생물학적 부품들을 만들고 표준화하여 등록하는 작업은 바이오브릭 재단에서 현재 진행하고 있다. (그림 6.10)

그림 6.10 바이오브릭 표준생물부품 표

		Name	Type	Description	Length
U		BBa_A340620	Signalling	Quadpart Amplifier (B0034.C0062.B0015.R0062)	999
A		BBa_B0010	Terminator	Terminator (T1)	80
A	W	BBa_B0011	Terminator	Terminator (luxICDABEG, +/-)	46
A	X	BBa_B0012	Terminator	Terminator (T7 TE)	41
A	X	BBa_B0013	Terminator	Terminator (T7 TE, +/-)	47
A	W	BBa_B0014	Terminator	Terminator (B0012, B0011)	95
A	W	BBa_B0015	Terminator	Terminator (B0010, B0012)	129
A		BBa_B0016	Terminator	Terminator (T7 RNAP specific, T_Phi)	48
A		BBa_B0017	Terminator	Terminator (B0010, B0010)	168
B		BBa_B0020	Terminator	Terminator (Reverse B0010)	82
A	W	BBa_B0021	Terminator	Terminator (luxICDABEG, +/-)	46
A	X	BBa_B0022	Terminator	Terminator (Reverse B0012)	41
A	X	BBa_B0023	Terminator	Terminator (Reverse B0013)	47
A		BBa_B0024	Terminator	Terminator (Reverse B0014)	95
A	W	BBa_B0025	Terminator	Terminator (Reverse B0015)	130
A	W	BBa_B0030	RBS	RBS.1 (strong)	15
A	W	BBa_B0031	RBS	RBS.2 (weak)	14
A	W	BBa_B0032	RBS	RBS.3 (medium)	13
A	W	BBa_B0033	RBS	RBS.4 (weaker)	11
A	W	BBa_B0034	RBS	RBS (Elowitz 1999)	12
		BBa_B0035	RBS	RBS (non-standard Shine-Dalgarno sequence, matched to C0101)	8
B		BBa_B0036	RBS	Specialized RBS	5
A		BBa_B0040	Other	Spacer.1 (generic)	70
		BBa_B0050	Terminator	Terminator (pBR322, +/-)	33
		BBa_B0051	Terminator	Terminator (yciA/tonA, +/-)	35
		BBa_B0052	Terminator	Terminator (rrnC)	41
		BBa_B0053	Terminator	Terminator (His)	72
		BBa_B0060	Terminator	Terminator (Reverse B0050)	33
		BBa_B0061	Terminator	Terminator (Reverse B0051)	35
		BBa_B0062	Terminator	Terminator (Reverse B0052)	41
		BBa_B0063	Terminator	Terminator (Reverse B0053)	72
A		BBa_C0012	Coding	Repressor, lacI (LVA+)	1128
A		BBa_C0013	Coding	Repressor, lacI	1086
A		BBa_C0020	Coding	CheY coding sequence	393
A		BBa_C0024	Coding	CheB	1053
A		BBa_C0028	Coding	CheR coding region	864
A		BBa_C0040	Coding	Repressor, tetR (LVA+)	660
U		BBa_C0041	Coding	Repressor, tetR (LVA-)	626
A		BBa_C0050	Coding	Repressor, HK022 cI (RBS- LVA+)	744
A		BBa_C0051	Coding	Repressor, Lambda cI (RBS- LVA+)	750
A		BBa_C0052	Coding	Repressor, 434 cI (RBS- LVA+)	669
A		BBa_C0053	Coding	Repressor, P22 c2 (RBS- LVA+)	687
A		BBa_C0056	Coding	Repressor, 434 cI (RBS- LVA-)	636

6.3.1 바이오브릭 부품의 종류와 형태

부품들은 각 타입별로 RBS(ribosome binding site)라든가 보고자(reporter), 또는 전사종지(transcriptional terminator) 등의 유형별로 구별이 되어져 있고 각 파트에 고유번호가 있기 때문에 그 부품의 고유번호를 통해서 구별하여 사용할 수 있게 되어있다. 이러한 바이오브릭 부품들을 이용하여 원하는 시스템을 제작하는데 이때 가장 보편적으로 사용되고 있는 것이 클로닝이다. 그러나 시스템 제작 시에 전통적 클로닝 과정을 이용하려고 한다면 상당한 어려움이 따른다. 예를 들어 우리가 흔히 쉽게 이해하고 있는 것처럼 어떤 운반체에 *Eco*R I 이라는 제한효소를 사용하여 A라는 부품을 클로닝 하였고 그 다음에 마찬가지로 *Eco*R I 이라는 제한효소를 사용하여 B라는 부품을 클로닝 했을 때에 이 A와 B를 하나로 묶어서 A, B 소자를 만들려고 하면 문제가 생기게 된다. 똑같은 enzyme을 쓰게 되면 다 잘려버려 손쉽게 이어줄 수가 없기 때문이다. 그래서 합성생물학에 있어서 클로닝을 표준화하기 위해서 반복적으로 즉, 어떤 부분에 A라는 부품을 넣었다가 B라는 부품을 넣어도 아무런 영향을 받지 않는 그런 표준 운반체 (idempotent vector - 동일한 작업을 부작용 없이 여러 번 반복 할 수 있는 벡터)를 바이오브릭 프로젝트에서 고안했다. 이와 유사한 NOMAD 기술도 발표가 되었지만 바이오브릭 표준운반체가 현재 널리 사용되고 있기 때문에 이에 대해서만 설명하도록 한다.

바이오브릭 부품들은 대부분 표준 플라스미드 운반체에 실려져 있고 이 부품의 contents의 앞부분과 뒷부분에는 모두 똑같은 소위, prefix(P)라는 영역과 suffix(S)라는 영역이 포진하고 있다(그림 6.11). 그림 6.11 A는 리보솜 결합 부위(RBS) 부품1의 구조를 예시하고 있다. 다양한 부품 중에서 특정한 것들을 모아 그림 6.11B와 같이 세 개의 부품으로 이루어진 간단한 소자를 만들어 사용할 수 있고, 이 소자도 P-contents-S의 구조를 갖게 된다. 이러한 소자도 부품등록소에 보관되어 더 복잡한 장치를 만드는데 활용될 수 있다.

그림 6.11 각 바이오브릭 부품, 소자 및 시스템의 구조

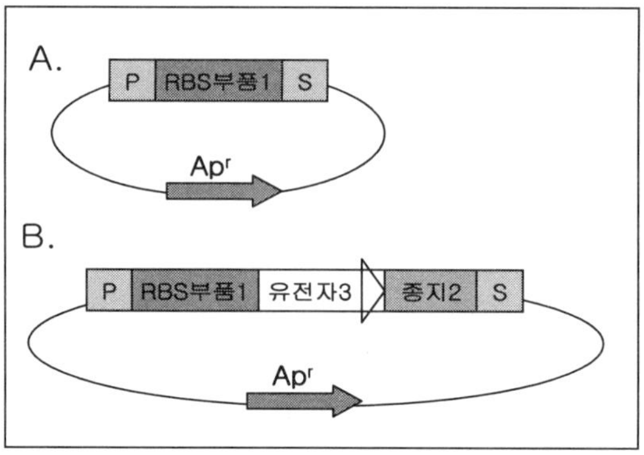

6.3.2 바이오브릭의 조립

바이오브릭의 부품을 조립하는데 보편적으로 사용되는 표준 조립방법을 이해하기 위해서 먼저 소자 Prefix와 suffix에 대해 좀 더 자세히 살펴보도록 하자(그림 6. 12).

그림 6.12 바이오브릭 부품의 표준조립 개념

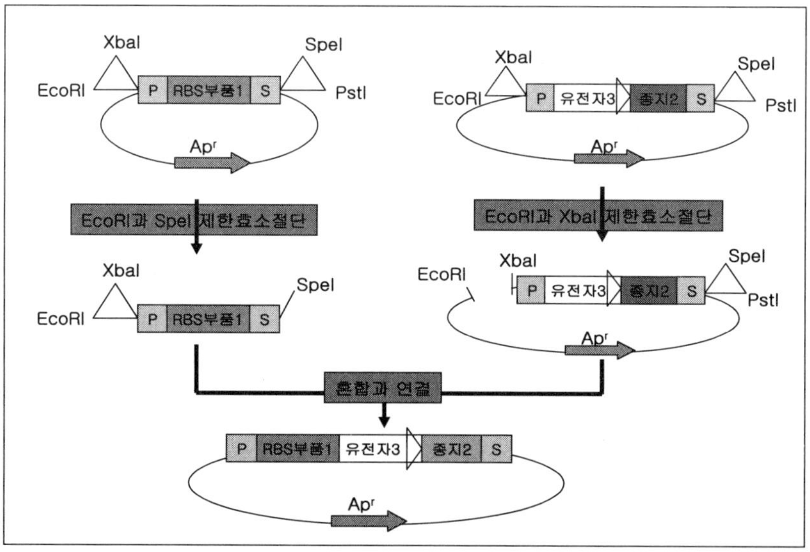

그림 6.12에 나타낸 것은 좌측의 RBS 부품 1과 우측의 유전자 3과 종지 2가 각 부품의 결합되어있는 부품으로부터 맨 아래에 표시된 장치를 제조하는 방법이다. prefix 부분에는 *Eco*R I 과 *Xba* I site가

있고 suffix 부분에는 *Spe* I 과 *Pst* I site가 있으며 이것은 어느 부품에서나 동일하게 나타나며, 단지 부품의 내용만 다르다. 이 그림에서 RBS 부품1을 유전자 3과 종지 2가 있는 부품의 앞부분에 넣어 연결시키고자 한다. 클로닝 과정을 살펴보면, RBS 부품 1을 가지는 운반체는 prefix 부분의 *EcoR* I 과 suffix의 *Spe* I 으로 잘라 RBS 부품 1을 얻어내고, 유전자 3과 종지 2를 가지는 운반체 부분은 prefix 부분에 있는 *EcoR* I 과 *Xba* I 으로 자른다. 그 다음 이 둘을 섞으면 *EcoR* I 끼리 서로 붙게 되고 *Spe* I 과 *Xba* I 은 잘린 말단이 같아 서로 붙을 수가 있다. 따라서 잘라서 없앤 부분에 RBS 부품 1 내용이 끼어 들어가게 되는데 순서대로 보면 *EcoR* I 과 *EcoR* I 이 붙었으므로 *EcoR* I 은 그대로 남게 되고 다음으로는 RBS 부품 1에 포함된 *Xba* I 이 있고 RBS 부품 1이 있게 된다. 그리고 RBS 부품 1을 가진 운반체의 suffix에 존재하는 *Spe* I 과 유전자 3과 종지 2를 가진 운반체의 prefix에 존재하는 *Xba* I 부분이 서로 결합된 부분(어떠한 제한효소로도 잘리지 않는 부분)이 있고 그 다음에 유전자 3과 종지 2가 위치하게 된다. 이렇게 두 개의 부품을 연결하여 만든 하나의 장치(device)는 *EcoR* I , *Xba* I 을 갖는 prefix, *Spe* I , *Pst* I 를 갖는 suffix, 그리고 이 사이에 부품내용이 있는 각 부품의 구조와 동일한 구조를 띄고 있게 된다.

조립단계를 조금 더 구체적으로 살펴보도록 하자. 첫 번째에는 부품내용을 설계해야하고 설계된 부품내용의 앞과 뒤에 prefix와 suffix를 붙여야 한다(그림 6.13 a). 그 다음에 기존에 사용하고 있는 기본 운반체를 사용해야 할 것이다. 부품내용은 조립과정에서 사용하는 EcoR I , Spe I , Not I 등의 제한효소에 의해 잘리지 않도록 제한효소 인식 염기서열을 포함하지 않도록 해야 하며, 그렇게 부품내용이 설계된 후에는 prefix와 suffix를 붙이게 되는데 부품의 prefix부분은 Xba I site만 갖도록 하고 suffix 부분은 Spe I , Pst I site를 모두 갖도록 한다(그림 6.13 b). 기본 운반체는 바이오브릭 부품을 수용하는데 기본 운반체와 마찬가지로 EcoR I , Xba I , Spe I , Pst I 구조를 가지고 있다(그림 6.13 c).

이 후에 부품내용을 기본 운반체에 삽입하기 위해서 부품내용은 *Xba* I 과 *Pst* I 으로 자르고, 운반체는 *Spe* I 과 *Pst* I 으로 자른 후, 삽입한다. 그러면 그림 6.13d와 같은 형태가 된다.

지금까지 본 것은 어떤 운반체에 각 부품들이 실려져 있을 때 그

그림 6.13
바이오브릭 부품의 표준조립개념

a) 바이오브릭 부품의 구조

Prefix	부품내용	Suffix

b) 바이오브릭 부품의 상세구조

CCTT	XbaI I	G	부품내용	T	Spe I	A	Not I	Pst I	CCTT

c) 기본 운반체의 클로닝 사이트

-ACA	EcoR I	Not I	T	XbaI I	GT	Spe I	A	Not I	Pst I	ACT-

d) 기본 운반체 내에 바이오브릭 부품을 수용한 구조

-ACA	EcoR I	Not I	T	XbaI I	G	부품내용	T	Spe I	A	Not I	Pst I	ACT-

부품들을 잘라서 서로 연결시키는 과정을 본 것이고 물론 이 부품이 운반체에 들어가 있어야 할 필요는 없으며, 잘랐을 때의 형태와 똑같은 서열을 갖도록 합성을 해 줄 수도 있다(그림 6.14).

그림 6.14 바이오브릭 부품을 수용할 제한효소 서열

완전한 Prefix	22bp	GAATTCGCGGCCGCTTCTAGAG
완전한 Suffix	21bp	TACTAGTAGCGGCCGCTGCAG

지금까지 살펴본 부품을 조립하는 내용을 토대로 part I 과 part II 를 조립하여보자. I , II 순서대로 혹은 반대로 II , I 순서로 *EcoR* I , *Xba* I , *Spe* I , *Pst* I 하나의 운반체에는 part I 이 들어 있고, 또 다른 운반체에는 part II 가 들어가 있다. 여기서 이 두 가지 운반체에 들어 있는 part I 과 part II 를 I , II 순서대로 연결시키려면 먼저 part II 를 가지고 있는 운반체를 *Xba* I 과 *Pst* I 으로 잘라 운반체 부분은 버리고 part II 부분만을 획득한다. 그리고 part I 을 가지고 운반체를 *Spe* I 과 *Pst* I 으로 잘라서 중간 부분을 제거한 운반체부분을 얻는다. 이

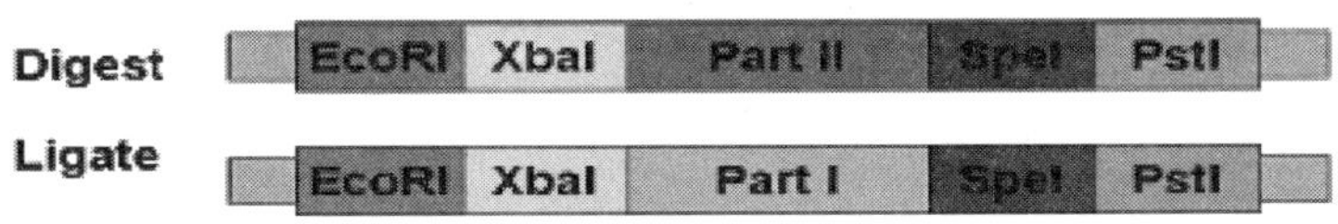

그림 6.15 바이오브릭의 두 부품(Tom Knight)

렇게 획득한 두 조각을 서로 연결시킨다. part II의 *Xba* I 과 운반체의 *Spe* I 이 서로 상보적인 단일 가닥으로 인식되어 붙지만 제한효소 인식 부분은 없어지게 된다. 또한 part II의 *Pst* I 와 운반체의 Pst I은 서로 같은 자리로 인식되어 붙는다. 이러한 과정을 통하여 그림 6.16과 같은 형태의 연결 DNA가 형성된다. 그 형태를 보면 처음처럼 *Eco*R I, *Xba* I, *Spe* I, *Pst* I 제한효소자리가 있고, 그 안에 part I 과 part II가 바로 붙어서 존재하게 된다. part II, I 순서로 붙이려면 part II를 가진 운반체는 *Spe* I 과 *Pst* I 으로 자르고, part I 을 가진 운반체는 *Xba* I 과 *Pst* I 으로 잘라 부품만 획득하여 연결시키면 된다(그림 6.16). 이처럼 다른 part를 다시 넣게 되더라도 아무 지장을 받지 않고 지금과 똑같은 방식으로 part III를 넣을 수 있는 매우 편리한 운반체 구조를 가지고 있는 것이다.

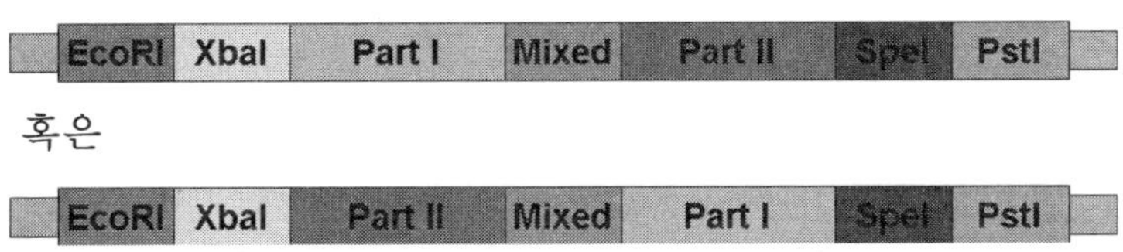

그림 6.16 가능한 두 가지 부품(그림 6.15)의 연결 구조

6.3.3 세 가지 항생제를 이용한 조립 (Three Antibiotic Assembly ; 3A Assembly)

표준조립방법을 통해서 조립을 할 때에는 제대로 조립된 것을 얻기 위해서 형질전환체들을 콜로니 PCR(colony PCR)과 겔전기영동법(gel electrophoresis)을 통해 확인하는 매우 번거롭고 시간이 많이 걸리는 까다로운 과정을 거치게 된다. 이것을 좀 더 편리하게 하기 위해서 3

가지 항생제를 이용하는 3A 조립 과정을 개발하여 사용하고 있다(그림 6.17). 일반적으로 사용되는 3가지 항생제는 스펙티노마이신(Spectinomycin), 가나마이신(Kanamycin), 콜로람페니콜(Chloramphenicol)이다. 이 항생제를 선택한 이유는 비교적 값이 저렴하고 이 항생제에 내성을 나타내는 자발적인 돌연변이(spontaneous mutation)가 잘 일어나지 않는 것으로 알려져 있으며 항생제 사이의 상호작용이 발견되지 않고, 또한 원래 부품을 만들 때에 사용하지 않았던 항생제이기 때문이다. 항생제와 더불어 *ccdB* 유전자를 이용하기도 하는데 유전자는 대장균에서 독성을 나타내기 때문에 *ccdB* 유전자를 가지고 있으면 형질전환체가 생기지 않게 된다. 이로써 *ccdB* 유전자와 3개의 항생제를 이용하여 part I 과 part II 를 조립할 수 있게 된다.

이를 위해서는 서로 다른 운반체에 각각 다른 항생제 내성을 띠고 있게 해야 한다. 우선 *ccdB* 유전자를 부품 내용으로 가지고 있는 운반체를 *Eco*R I 과 Pst I 으로 잘라 *ccdB* 유전자는 제거하고 운반체만을 취해 놓는다. 그리고 part I 은 *Eco*R I 과 *Spe* I 으로 자르고, part II 를 가지고 있는 운반체는 *Xba* I 과 *Pst* I 으로 자른다. 이것들을 붙이면 *Eco*R I , *Xba* I , part I , part II , *Spe* I , *Pst* I 형태의 연결 DNA를 만들 수 있다(그림 6.17).

그림 6.17 두 부품의 표준조립 종합도

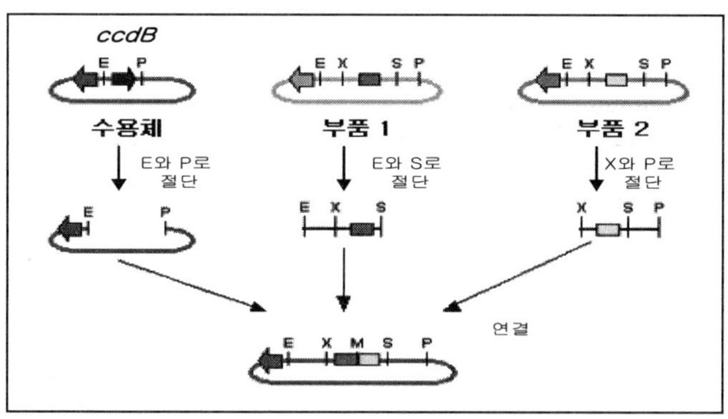

운반체의 *ccd B* 유전자는 *Eco* R *I* 과 *Pst I* 제한 효소 처리로 제거되었으며, 이 과정으로 균주가 살 수 있었다는 것을 확인할 수 있고, 3개의 항생제 중에서 2개의 항생제에 대해서는 감수성을 가지고 있으

며, 다른 하나의 항생제에 대해서는 내성이 있다는 총 4가지의 성질을 교차 확인(cross check)함으로써 명확하게 원하는 조합(construct)이 만들어졌음을 확인할 수 있다. 이는 각 항생제에 대한 감수성, 내성 그리고 *ccd*B 유전자의 독성에 대한 충격이 없는 균주를 확인하여 한 번에 원하는 균주를 골라낼 수 있도록 만들어진 시스템이다(그림 6.18). 하지만 이러한 방법은 부품의 수가 적을 때만 이용이 가능하다.

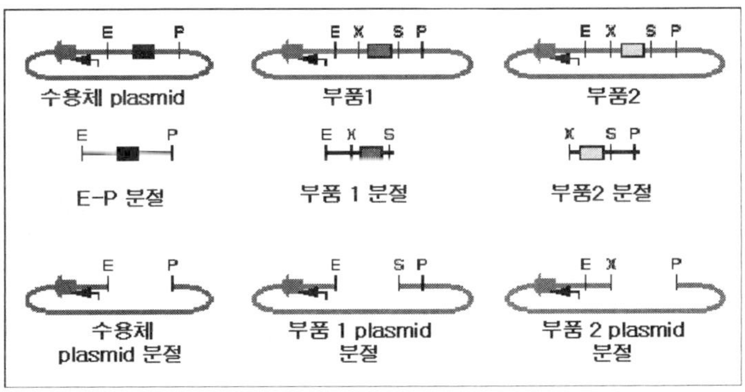

그림 6.18 두 부품의 표준조립 종합도

6.3.4 조립의 자동화

부품의 수가 많아지면 많아질수록 점점 더 과정의 시간이 길어지고, 힘들기 때문에 로봇을 이용한 조립 과정을 이용하고 있다(그림 6.19).

그림 6.19 로봇을 이용한 표준조립

보통 3A 조립 방법을 이용하는데, 콜로니 PCR 방법을 통하여 각 절편들을 따로 겔 정제할 필요가 없고 직접 획득 할 수 있기 때문에 훨씬 자동화, 단순화되어 편리하게 실험을 진행할 수 있다.

이러한 방법들 중에서 먼저 병렬조립에 대해서 알아보자. 만약 6개의 부품을 서로 차례대로 연결시킨다면 총 5단계를 거치게 될 것이다. 이것을 병렬로 할 경우에는 그림 6.19와 같이 3단계만 거치면 우리가 원하는 소자 시스템을 간단하게 만들어낼 수 있다. 그림에서는 부품의 수가 적으므로 큰 차이를 느끼지 못하지만 부품의 개수가 굉장히 많을 때에는 예를 들어서 50개 이상이 된다면 우리가 거쳐야 하는 단계는 훨씬 많은 차이를 보일 것이다.

다른 방법으로는 롤링조립이 있는데, 이것은 병렬조립과정 중 조립과정에 문제가 발생했을 경우 유용하다. 예를 들어 그림 6.21과 같이 1단계에서 하나가 잘못 만들어져 사용하지 못할 경우 이 하나를 만들기 위해 새로운 추가적인 단계를 만들 필요가 없다는 장점이 있다.

그림 6.20 병렬조립

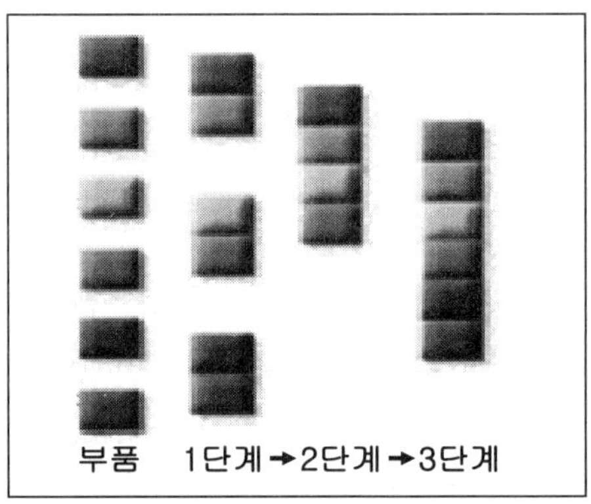

그림 6.21 롤링조립

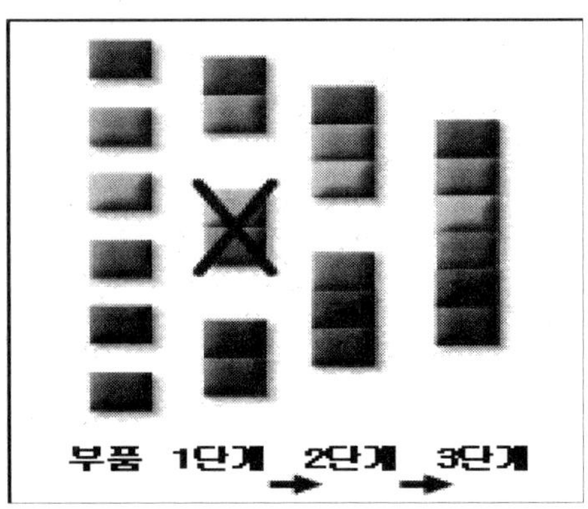

왜냐하면 다음 단계에 회복 가능하기 때문이다. 롤링조립을 하고 3A 조립 과정을 거쳐서 자동화함으로써 보다 쉽게 소자 시스템을 조립할 수 있게 된다.

6.3.5 바이오브릭 장치의 예 - 세균 온도계(Bacterial Thermometer)

바이오브릭에서는 각 부품들을 따로 만들어 보관하고 있다. 이런 부품들을 이용해서 어떤 하나의 새로운 소자를 만드는 것을 iGEM대회에서 발표된 한 과제를 들어 살펴보자. iGEM은 international Genetically Engineered Machin의 약자로 학부 학생들이 합성생물학에 친근감을 가질 수 있도록 교육의 목적을 가지고 창설된 국제 경연대회이다. 학생들은 부품 창고에 있는 각종 부품들을 이용하여 원하는 기능을 수행할 수 있는 시스템을 설계하고, 설계에 맞춰서 부품들을 조립하게 된다. 여기서 소개하고자 하는 것은 세균 온도계로 세균을 이용하여 온도를 알 수 있다는 것이다(그림 6.22).

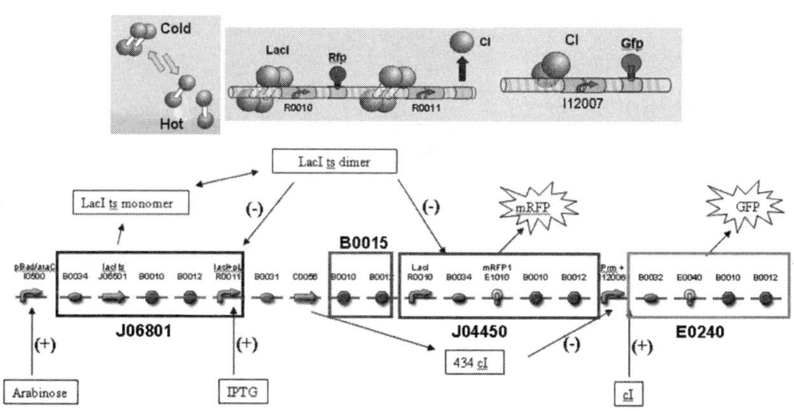

그림 6.22 바이오브릭 부품을 조립하여 만든 기계

여기에 쓰인 세균은 추울 때는 녹색을 나타내고, 더울 때는 붉은 색을 나타내며 춥지도 덥지도 않은 온도의 경우에는 녹색과 붉은색의 중간색을 나타낸다. 이러한 시스템을 만들기 위하여 학생들은 우선 박테리오파지434의 *cI* 억제자에 의해 조절되는 시스템과 LacI에 의해 조절되는 시스템을 이용하였다. 특히, LacI는 *ts* 돌연변이를 가지고 있는 것을 이용하였다. 이들이 LacI의 *ts* 돌연변이를 이용한 이유는 이 돌연변이가 온도 감수성 돌연변이이기 때문에 온도에 따라 다른 반응을 나타내는 특징을 가지고 있기 때문이다. 즉, LacI의 *ts* 돌연변이가 온도계의 수은과 같은 역할을 하는 것이다. 따라서 낮은 온도일 때는 LacI가 제대로 작동을 하지만 높은 온도가 되면 LacI가 기능을 상실하게 된다. LacI는 붉은색 형광을 나타내는 단백질 유전자의 발현을 억제하도록 되어 있기 때문에 온도가 낮을 때에는 LacI가 정상적으로 작용을 하여 붉은 색을 나타내는 *RFP* 유전자가 발현되지 않게 되지만 온도가 높을 때에는 LacI가 기능을 상실하여 *RFP* 유전자가 발현된다. 또한 이 LacI에 의해서 *cI* 억제자가 조절 받는데 이 *cI* 억제자는 녹색을 나타내는 *GFP* 유전자의 발현을 조절하게 된다. 즉, 온도가 낮을 경우에는 LacI가 작동하여 *RFP* 유전자가 억제되고 결과적으로 *cI*을 만들어내지 않아 *GFP*가 발현되어 녹색을 나타낸다. 이에 비해 더울 때에는 LacI의 기능이 상실되므로 *RFP*가 만들어지고, *cI*는 억제되지 못하게 된다. 따라서 *cI*이 만들어지고 이로 인해 *GFP*의 발현은 억제된다. 즉, *GFP*는 만들어지지 않고, *Rfp*만 만들어지므로 붉은색을 띄게 되는 것이다. 온도가 중간 온도일 경우에는 활성인 것과 비활성인 것이 있기 때문에 *RFP*와 *GFP*가 적절하게 비례되어 만들어져서 녹색과 붉은색이 동시에 발현되어 이 둘이 적절히 섞인 색을 나타내게 되는 것이다. 이처럼 생물학에서 배운 지식을 바탕으로 현재까지는 없던 어떤 특수한 기능을 수행하는 세균 온도계를 적정한 시스템 설계와 부품, 소자의 조립을 통하여 만들 수 있었다.

학습정리

1. 생물공학과 합성생물학은 개념적 차이가 있다.
2. 합성생물학이 추구하는 목표인 생물학의 공학적 접근을 가능케 하기 위해서는 시스템 설계기술과 제작기술의 발전이 필요하다.
3. 부품의 표준화를 위해서는 BioBricks에서 살펴본 바와 같이 생물부품의 제작 및 조립 방법의 표준화가 필요하다.

참고문헌

6.1 과학, 공학 그리고 기술

http://tsp7.snu.ac.kr/prof/eng_edu/notion.html

Heinemann, M., and Panke, S. 2006. Synthetic biology -putting engineering into biology. *Bioinformatics* 22: 2790-9.

6.2 시스템 설계와 제작

http://dspace.mit.edu/bitstream/1721.1/21168/1/biobricks.pdf

Rebatchouk, D., Daraselia, N., and Narita, J.O. 1996. NOMAD: a versatile strategy for in vitro DNA manipulation applied to promoter analysis and vector design. *Proc. Natl. Acad. Sci. USA* 93: 10891-6.

http://parts.mit.edu

http://parts.mit.edu/registry/index.php/Help:Contents

Glass, J.I., Assad-Garcia, N., Alperovich, N., Yooseph, S., Lewis, M.R., Maruf, M., Hutchison, C.A., Smith, H.O., and Venter, J.C. 2006 Essential genes of a minimal bacterium. *Proc Natl Acad Sci. USA* 103: 425-430.

Pon, R.T., and Yu, S. 2004. Linker phosphoramidite

reagents for the attachment of the first nucleoside to underivatized solid-phase supports. *Nucleic Acids Res.* 32: 623-631.

Kolisnychenko, V., Plunkett, G., Herring, C.D., Fehér, T., Pósfai, J., Blattner, F.R., and Pósfai, G. 2002. Egineering a reduced *Escherichia coli* genome. *Genome Res.* 12: 640-647.

Pósfai, G., Plunkett, G., Fehér, T., Frisch, D., Keil, G.M., Umenhoffer, K., Kolisnychenko, V., Stahl, B., Sharma, S.S., de Arruda, M., Burland, V., Harcum, S.W., and Blattner, F.R. 2006. Emergent properties of reduced-genome *Escherichia coli. Science* 312: 1044- 1046.

Westers, H., Dorenbos, R., van Dijl, J.M., Kabel, J., Flanagan, T., Devine, K.M., Jude, F., Seror, S.J., Beekman, A.C., Darmon, E., Eschevins, C., de Jong, A., Bron, S., Kuipers, O.P., Albertini, A.M., Antelmann, H., Hecker, M., Zamboni, N., Sauer, U., Bruand, C., Ehrlich, D.S., Alonso, J.C., Salas, M., and Quax, W.J. 2003. Genome engineering reveals large dispensable regions in *Bacillus subtilis. Mol. Biol. Evol.* 20: 2076-2090.

Itaya, M., Tsuge, K., Koizumi, M., and Fujita, K. 2005. Combining two genomes in one cell: stable cloning of the Synechocystis PCC6803 genome in the *Bacillus subtilis* 168 genome, *Proc. Natl. Acad. Sci. USA* 102: 15971-15976.

Becskei, A., Séraphin, B., and Serrano, L. 2001. Positive feedback in eukaryotic gene networks: cell differentiation by graded to binary response conversion. *embo. j.* 20: 2528-2535.

6.3 바이오브릭

http://parts.mit.edu/registry/index.php/Assembly:Robotic_assembly

7장 올리고뉴클레오타이드의 합성

7.1 포스포라미다이트 방법

7.2 칩에서의 올리고뉴클레오타이드 합성

7.3 올리고뉴클레오타이드의 설계

Igem 2005

Overview [edit]

Thirteen teams participated iGEM 2005. For the first time, teams from outside the continental US were involved, transforming iGEM from an intercollegiate competition into an international competition. Each team presented their work in a 20 minute presentation and at a poster session at the *Jamboree*, held at the MIT Stata Center on November 5th-6th.

2005년 11월 5일 개최된 iGEM 2005에는 미국 이외의 대학을 포함한 13개교가 참가하여 실질적인 국제경연대회의 모습을 갖추게 되었다.

7장 올리고뉴클레오타이드의 합성

학습목표

올리고뉴클레오타이드의 합성 기술과 설계 기술에 대해서 살펴보도록 한다.

올리고뉴클레오타이드의 합성은 보통 자동화기기를 사용하게 되는데 자동화기기는 DNA 합성기 혹은 올리고뉴클레오타이드 합성기라는 이름으로 불린다. 이러한 올리고뉴클레오타이드 합성기는 작은 크기의 단일 가닥 올리고뉴클레오타이드를 만드는데, 포스포라미다이트(phosphoramidite) 화학을 주로 이용하고 있다. 이러한 올리고뉴클레오타이드 합성의 특이한 점은 생물체 내에서 DNA 합성은 5'-P에서부터 3'-OH 방향으로 일어나는데 비해 화학적으로 합성을 할 때에는 반대로 3'에서부터 5'쪽으로 반응이 일어난다는 것이다. 그 이유는 리보오스의 보호(protection)과정에서 5'-OH와 3'-OH가 보호기와 반응을 하는데 이때 상대적으로 반응성이 높은 5'-OH가 보호된 것을 얻기 쉬워 3'-OH에 P가 붙은 monomer를 쉽게 만들 수 있다. 또한 그다음 반응과정인 탈보호(deprotection) 후 다시 만들어지는 자유 5'-OH가 상대적으로 반응성이 높다는 것도 이유가 된다.

7.1 포스포라미다이트 방법

7.1.1 포스포라미다이트의 구조

포스포라미다이트는 뉴클레오사이드(nucleoside-당과 염기를 가짐)의 유도체이며 이것의 원료는 4종류가 있는데 바로 A, G, C, T 이다. 이들의 구조는 뉴클레오사이드를 기반으로 5'-말단에는 디메톡시트리틸(demethoxytrityl, DMT) 보호기를 갖고 있으며, 3'- P(3'-phosphite)는 디이소프로필아민기(diisopropylamine)를 갖고 있다. 3'-P에는 메틸기를 가지고 있어 아민(amine)기를 다른 반응으로부터 보호하는데 이를 보호기(protecting group)라고 한다. 또한 3'-P는 테트라졸(tetrazole)과 반응하기 쉬운 화합물이다(그림 7.1).

그림 7.1
포스포라미다이트 방법에 사용되는 기질의 화학구조

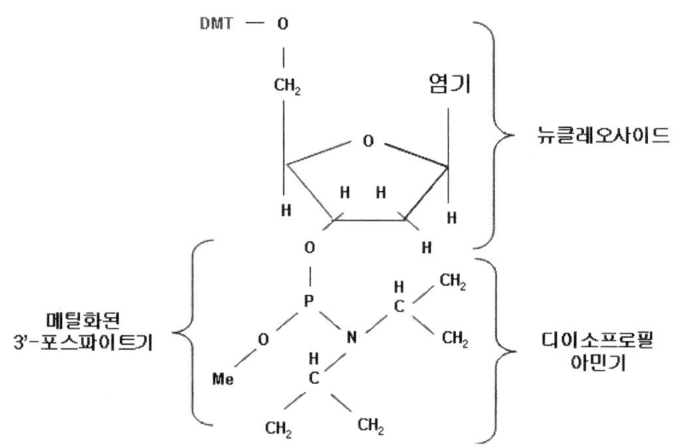

7.1.2 첫 뉴클레오사이드와 비드의 결합

올리고뉴클레오타이드의 합성은 고체 기판 위에서 연결을 하여 합성을 하게 된다. 제일 먼저 합성하게 되는 것은 설계된 서열의 3'-말단의 염기인데, 만약에 이것이 A일 경우 염기를 A로 가지고 있는 첫 번째 뉴클레오사이드를 고체 기판 위에다 붙이게 된다. 최초의 뉴클레오사이드는 5'-말단에 디메톡시트리틸기를 붙여서 원하지 않는 반응이 일어나지 않도록 한다. 3'-OH는 스페이서 부분을 통해서 CPG(controlled pore glass) 비드와 연결되어 있다(그림 7.2). 이 CPG 비드는 보로실리케이트(borosilicate)를 가열해서 무수규산(silica) 유리를 만들 때에 세공(pore)의 크기를 일정하게 만들어 준 유리구슬로

화학적으로 상당히 불활성이므로 특정반응에 영향을 주지 않아 많은 화학반응에 사용되고 있다. 스페이서의 길이는 짧게 할 수도,길게 할 수도 있는데 올리고뉴클레오타이드 합성에 사용하는 것은 주로 길이가 긴 LCAA-CPG(long chain alkylamine controlled-pore glass)를 사용한다(그림 7.2 A).

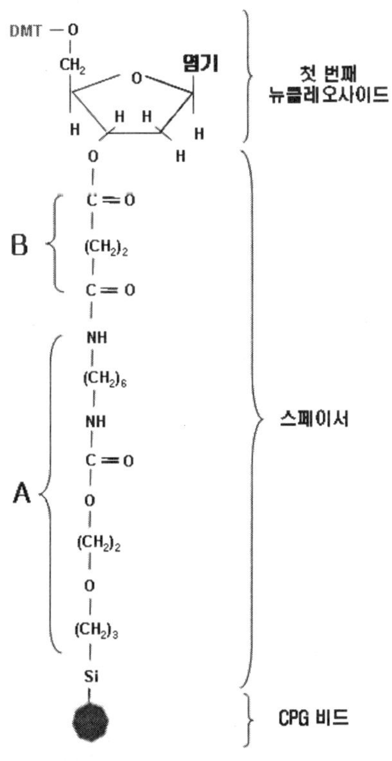

그림 7.2 올리고뉴클레오타이드 합성의 첫 번째 뉴클레오사이드와 비드의 결합

긴 사슬을 사용하는 것은 올리고뉴클레오타이드의 부피가 굉장히 크기 때문에 합성하는데 어려움이 없도록 하기 위한 것이다. 이 끝 부분에 일차아민(primary amine)이 있어 반응성을 나타낸다. 첫 번째 뉴클레오사이드와 LCAA-CPG사이에는 디카르복실산이 다리를 놓아준다. 이 그림에서 디카르복실산은 숙신산(HOOCCH2CH2COOH)으로 표시되어 있지만 여러 가지 다른 물질들이 사용되기도 한다. 그림 7.2 B에서 볼 수 있듯이 숙신산의 카르복실기 개 중에서 하나는 LCAA-CPE의 일차아민과 결합하

고 있을 때 다른 하나는 첫 번째 뉴클레오사이드의 3'-OH와 하나의 카르복실산이 에스테르 결합을 통해 연결된다. 이렇게 결합된 최초의 뉴클레오사이드의 5'-말단에 올리고뉴클레오타이드를 합성한 다음, 마지막 단계에서 스페이서와 결합된 이 에스테르 결합을 가수분해함으로써 합성된 올리고뉴클레오타이드를 고체 지지체로부터 잘라낼 수 있게 되며 또한 이 과정에서 올리고뉴클레오타이드의 3'-OH 그룹이 다시 생기게 된다. 디카르복실산으로 연결하는 이유가 바로 올리고뉴클레오타이드만을 잘라낼 때에 3'-OH 그룹이 생길 수 있도록 하기 위함이다.

7.1.3 합성 1-2 단계

재료가 모두 준비되었으니 합성단계를 살펴보자. 합성할 올리고뉴클레오타이드의 3'-말단이 만약 A(adenosine)일 경우에는 제일 먼저 1단계에서 아데노신이 결합되어 있는 CPG 비드를 선택하게 된다. 2 단계는 세척을 하고 TCA(trichloroacetic acid)를 사용하여 5'-말단에 있는 DMT를 떨어뜨리게 된다(그림 7.3). 이것을 탈트리틸화(detriylation)라고 한다. 이렇게 함으로써 비드에 붙어있는 뉴클레오사이드의 5'-말단이 이어서 첨가하게 될 두 번째의 포스포라미다이트의 3'-말단과 결합할 수 있게 되는 것이다.

그림 7.3 첫 뉴클레오타이드의 화학반응성을 부여하는 탈트리틸 과정

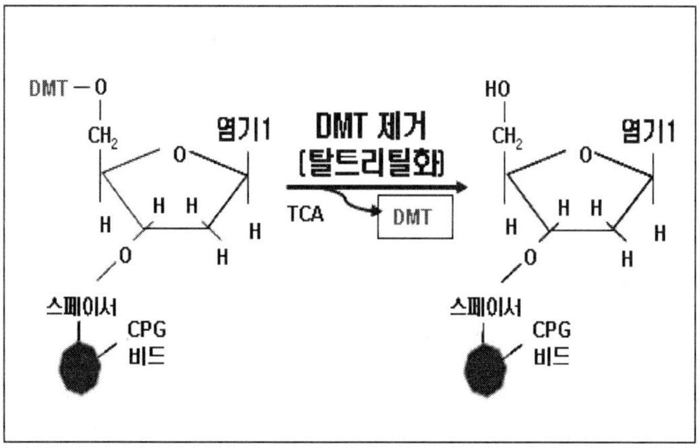

7.1.4 합성 3-4 단계

3단계에서는 2단계에서 사용한 TCA를 세척하는 과정이다. 그리고 4 단계는 활성화와 커플링(coupling) 단계인데 첫 번째 염기를 가지고 있는 CPG 비드에 붙어있는 뉴클레오사이드를 활성화(DMT기의 제거) 한 뒤(그림 7.4 1시 방향) 여기에 붙을 두 번째 뉴클레오사이드 포스포라미다이트를 넣어주는 것이다(그림 7.4 9시 방향). 넣어준 포스포라미다이트 화합물에 화학반응이 일어나도록 하는 활성화 과정이 필요하다(그림 7.4 10시 방향). 이를 위해 테트라졸이 사용되고 활성화된 포스포라미다이트가 비드에 붙어있는 뉴클레오사이드와 결합하게 된다. 이 과정을 커플링이라고 한다. 그래서 활성화와 커플링 과정을 거치게 되면 결과적으로 고체 지지체에 첫 번째 뉴클레오사이드에 두 번째 뉴클레오사이드가 결합되어져 있는 형태로 3'에서 5'의 방향으로 길어지게 된다.

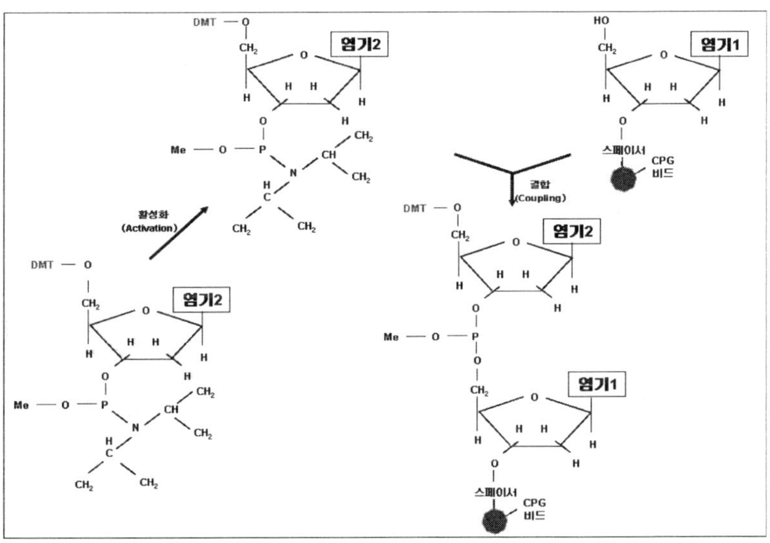

그림 7.4 두 뉴클레오타이드의 화학반응

7.1.5 합성 5-6 단계

첫 번째 뉴클레오사이드와 두 번째 뉴클레오사이드 사이의 결합이 항상 100% 일어나는 것이 아니기 때문에 잘못된 부분반응이 일어나지 않도록 하기 위하여 5-6단계를 거치게 된다. 다시 말해서 5단계의 세척은 첫 번째 뉴클레오사이드와의 결합에 실패한 포스포라미다이트가 그대로 남아있을 경우 3번째 반응을 할 때에 또 사용되어져 잘못될 수 있으므로 세척을 하는 과정이다. 또한 6단계는 CPG 비드에 붙어있던 첫 번째 뉴클레오사이드가 두 번째 뉴클레오사이드와 결합을 하지 못한 것이 남아있을 수 있는데 이것들이 다음 사이클로 계속 진행되면 세 번째 뉴클레오타이드가 첫 번째와 붙어 두 번째가 결실된 잘못된 올리고뉴클레오타이드가 생성 될 수 있으므로 이들이 다음 사이클(cycle)에서 반응하지 못하도록 반응하지 않은(unreacted) 뉴클레오사이드의 5'-OH를 아세틸화(acetylation -'-OH' 또는 '-NH_2'의 수소원자를 아세틸기로 치환하는 것)시켜서 캡핑(capping)을 한다(그림 7.5). 즉, 반응하지 못한 첫 번째 뉴클레오사이드와 두 번째 기질인 포스포라미다이트를 모두 제거하는 단계가 5-6단계이다.

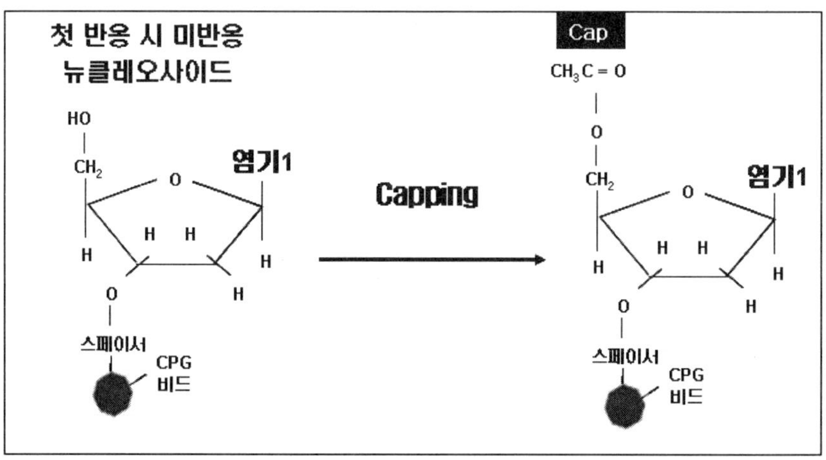

그림 7.5 첫 화학반응을 하지 않은 기질들의 부반응을 방지하는 캡핑과정

7.1.6 합성 7 단계

6단계를 거치고 난 후 고체 지지체에 첫 번째, 두 번째 뉴클레오사이드가 결합되어져 있는데 이 결합은 포스파이트트리에스터(phosphite triester) 결합으로 산이나 염기 조건에 약하므로 다음 반

응에서 부반응(side reaction)이 일어날 수 있다. 때문에 산화 과정을 거쳐서 포스포디에스터(phosphodiester) 결합으로 만들어주게 된다(그림 7.6). 그러면 디뉴클레오타이드(dinucleotide)에 더욱 더 가까운 기본 구조가 형성되게 된다.

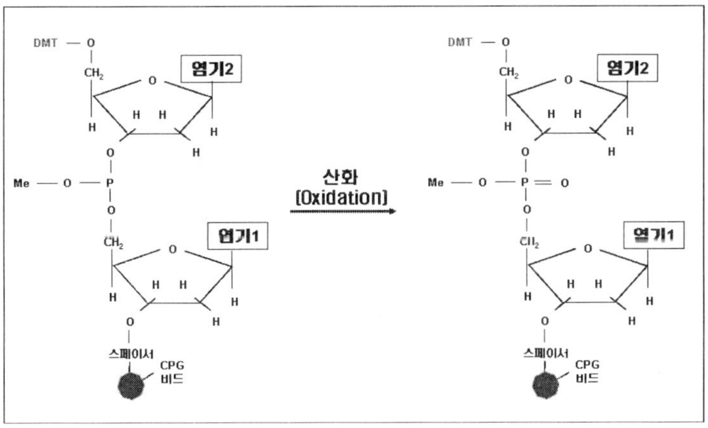

그림 7.6 첫 화학반응 후 생성된 디뉴클레오타이드 연결을 안정화시키는 산화반응

7.1.7 합성 8-10 단계

마지막 포스포라미다이트가 결합할 때까지 2-7단계를 계속 반복한 다음 모든 과정이 끝나면 메틸 그룹을 제거하고 스페이서에 결합되어 있는 에스테르 결합을 가수분해하여 올리고뉴클레오타이드를 스페이서로부터 떼어낸다. 이렇게 되면 비드로부터 자유로워져 컬럼(column)에서 추출해내고 마지막으로 남은 5'-말단에 붙어있는 디메톡시트리틸기를 제거한다. 이렇게 올리고뉴클레오타이드를 합성하면 만들어진 최초의 올리고뉴클레오타이드는 5'-말단도 OH이고 3'-말단도 OH인 구조를 갖게 된다. 일반적으로 세포내에서 만들어지는 DNA는 3'-말단에는 OH기를 가지고 있지만 5'-말단은 인산기를 가지는 것과는 차이가 있다.

이렇게 만들어진 올리고뉴클레오타이드는 마지막으로 분리/정제하게 된다. 이처럼 올리고뉴클레오타이드의 합성은 많은 과정을 거치기 때문에 화학 반응의 성공률이 굉장히 높아야 한다. 20개로 구성된 올리고뉴클레오타이드 즉, 20 mer를 만들 때에 각 단계별 효율이 99%라고 하더라도 0.99^{20}(99%의 효율로 20번의 cycle을 돌기 때문에 20제곱)을 하여 최종적으로는 효율이 82%밖에 되지 않는다. 다시 말하면 18%는 잘못된 올리고뉴클레오타이드가 합성된다는 것이다. 이처럼 우리가 만든 올리고뉴클레오타이드에는 실제로 길이가 짧거나 다른 것이 끼어 들어간 잘못된 올리고뉴클레오타이드가 많기 때문에 합성을 한 후에 역상 HPLC(reverse phase high-pressure liquid chromatography)나 겔 전기영동법을 통해서 분리/정제하는 과정을 거치게 된다. 올리고뉴클레오타이드 전 과정을 만드는 흐름도를 보면 그림 7.7과 같다. 정리해보자면, 비드에 첫 번째 뉴클레오사이드가 결합되어진 것을 선택한 다음에 세척을 하고 포스포라미다이트를 넣어 주고 다시 세척하고 활성화하고, 세척하고 캡핑하고 산화하는 과정을 계속 반복한 다음에 마지막으로 올리고뉴클레오타이드를 컬럼에서 떼어내고 정제하는 과정을 거치게 된다. 이때 첫 번째 뉴클레오사이드를 기판에 고정하는 것은 상당히 까다롭기 때문에 자동화된 합성기에서 직접 반응하여 수행하는 것이 아니라 미리 합성해 놓은 미리 유도된 지지체를 선택하여 수행하게 된다. 다시 말해서 3'말단이 A면 A가 붙어있는 비드를 장착하여 사용하고 3'말단이 G면 G가 붙어있는 비드를 장착

그림 7.7
올리고뉴클레오타이드의 합성과정도

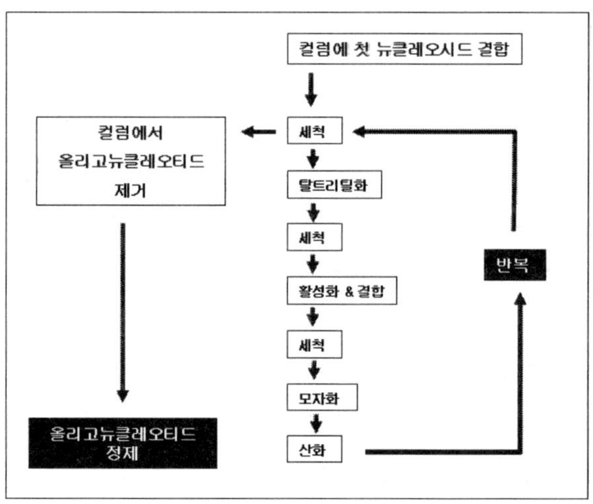

하여 합성 과정을 거치게 된다. 이것은 일반적인 전통적 올리고뉴클레오타이드 합성에서는 별로 문제가 되지 않지만 병렬 합성을 하고자 할 때에는 문제가 되므로 이 점을 잘 기억해 두어야 한다.

7.2 칩에서의 올리고뉴클레오타이드 합성

올리고뉴클레오타이드 합성에 획기적인 전환점이 된 것 중 하나가 칩 상에서 올리고뉴클레오타이드를 합성하는 것이다. DNA 칩은 조그마한 기판 위에다가 매우 많은 올리고뉴클레오타이드들을 붙여 놓은 것인데 이것은 미리 합성한 올리고뉴클레오타이드들을 부착시켜서 만들 수도 있지만 한계가 있기 때문에 Affymetrix사에서는 아예 기판 위에다가 올리고뉴클레오타이드를 직접 합성하는 기술을 개발하게 되었다(그림 7.8). 이러한 칩에서 올리고뉴클레오타이드를 직접 합성하는 기술은 반도체 칩 제조 기술인 광학식각법을 약간 변형한 광유도합성법에 의해서 가능하게 되었다.

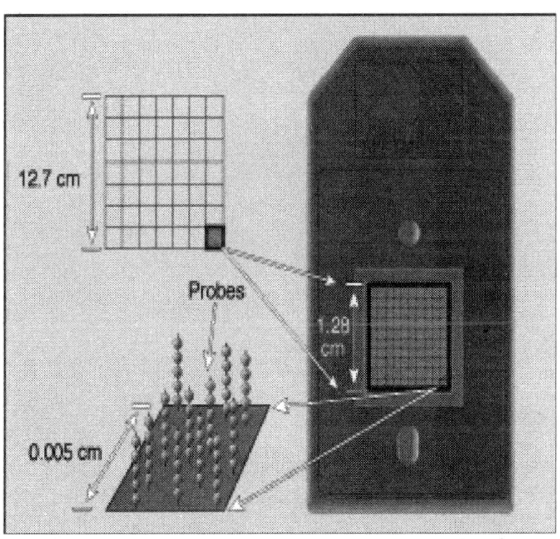

그림 7.8 올리고뉴클레오타이드의 합성에 사용되는 chip (McGall *et al.*, 1996)

7.2.1 광유도합성(light-directed synthesis)의 원리

광유도합성이라고 하는 것은 칩의 각 위치에 각각 다른 여러종류의 올리고뉴클레오타이드를 병렬적으로 함께 합성할 때 빛을 조사한 부분에서만 특정 반응이 일어나도록 조절함으로써 올리고뉴클레오타이드의 서열을 제어하는 방법이다 (그림 7.9).

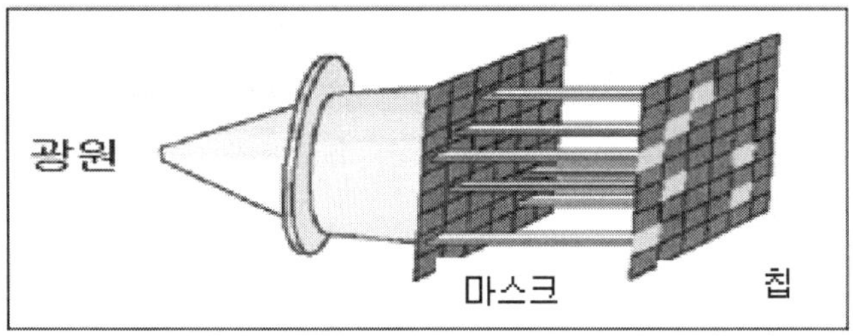

그림 7.9 병렬적 광유도 합성 (http://www.genocheck.co.kr/service_1-3.asp)

7.2.2 광유도합성 과정

칩에서 일어나는 광유도합성 과정을 간단히 살펴보도록 하자. 그림 7.10에 나타내었듯이 기판위의 수산기(hydroxyl group)는 보호기와 결합되어 있고 여기에 광민감성물질인 포토레지스트(phtoresist)를 덮는다. 이것은 우리가 원하는 부분에서만 빛으로서 반응을 제어할 수 있도록 하기위해서다. 예를 들어 그림 7.10에 나타낸 다섯 부분 중에서 두 부분에만 반응을 시키고자 할 때에는 이 두 부분에만 구멍을 뚫은 마스크를 이용하여 두 부분에만 빛을 조사하게 된다. 그러면 그곳에만 자유수산기가 생기게 된다.

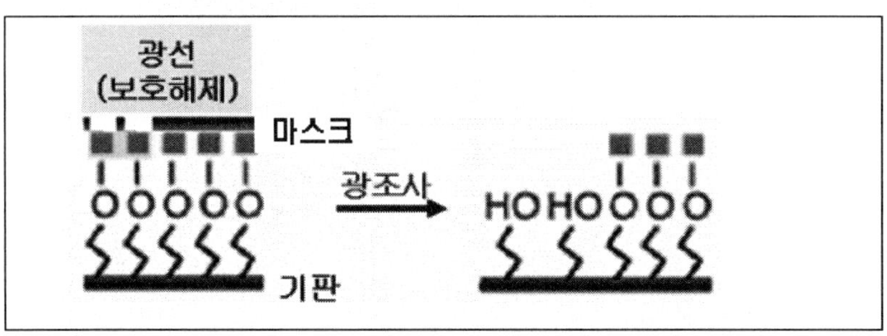

그림 7.10 광유도 합성의 초기반응 - 광조사에 의한 반응활성화 (http://www.genocheck.co.kr/service

이렇게 자유수산기를 얻으면 반응성이 생기게 되어 원하는 서열을 합성할 수 있는데 만일 1과 2 위치에 T를 넣고자 할 때에는 보호된 디옥시티미딘(protected deoxylthymidine)을 넣어서 커플링 반응을 시키면T가 결합이 되면서 보호기를 갖게 된다. 이로써 정하게 원하는 위치에 T를 넣어줄 수 있는 것이다(그림 7.11).

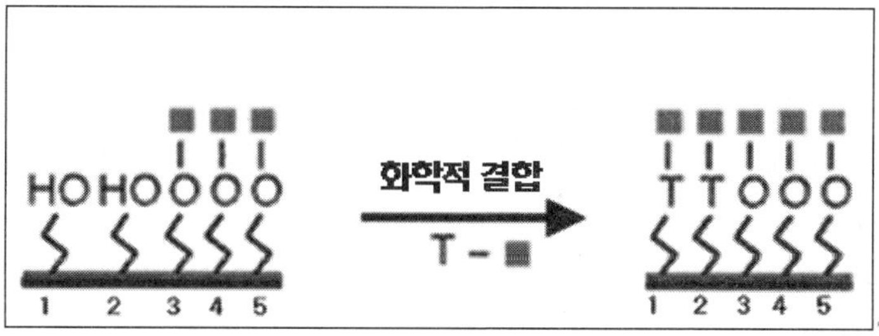

그림 7.11 광유도합성의 초기반응 -첫 단계 활성화된 부위에 새로운 뉴클레오타이드의 연결(http://www.genocheck.co.kr/service_1-3.asp)

다음은 이 방법을 반복하면 되는데 3과 4 부분에 C를 넣고자 할 경우에는 이 부분에 빛을 조사하여 자유 수산기가 생성되게 하고 그 다음에 보호된 디옥시시티딘을 넣어서 커플링 반응을 시키게 되면 이 부분에 C가 들어가게 된다(그림 7.12).

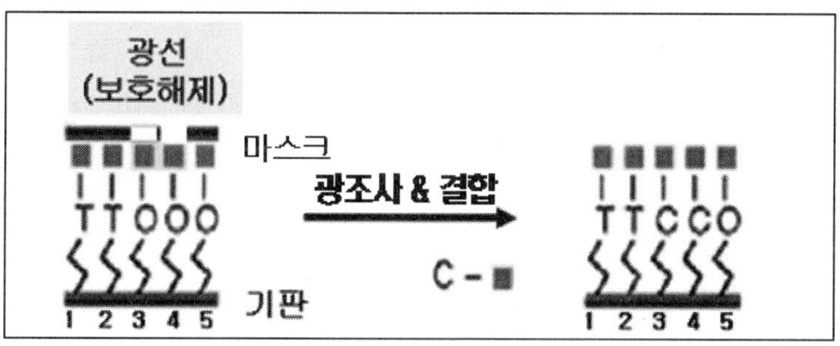

그림 7.12 광유도 합성의 초기반응-첫 단계의 2번째 부위에 뉴클레오타이드 연결(http://www.genocheck.co.kr/service_1-3.asp)

또한 5 위치에 G를 넣기 위해서는 위 과정과 마찬가지로 빛을 조사하여 수산기를 얻게 한 다음에 보호된 디옥시구아니딘을 넣어서 반응을 시킴으로써 결국 모든 원하는 위치에 첫 번째의 뉴클레오사이드들을 모두 결합시킬 수 있게 된다(그림 7.13). 그 다음에는 두 번째의 뉴클레오사이드를 결합시키기 위하여 그 곳에만 조사를 한 다음에 A를 반응시키고, 이어 G, C, T를 반응시키는 과정을 단계별로 계속 반복함으로써 결과적으로 원하는 위치에 각각 다른 염기서열을 지닌 올리고뉴클레오타이드를 병렬적으로 동시에 합성할 수 있게 되는 것이다(그림 7.13).

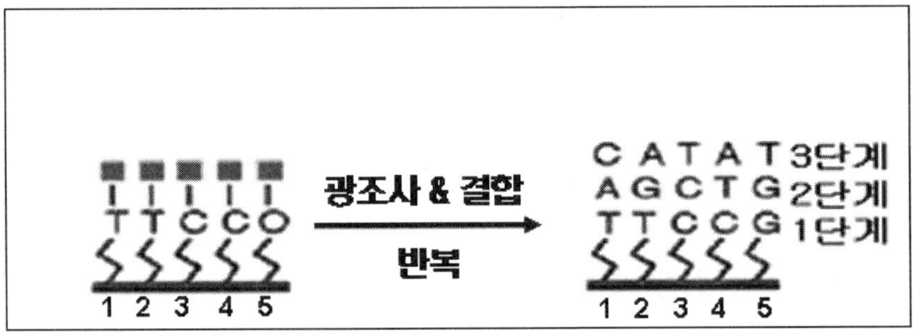

그림 7.13 광유도 합성의 전체반응-첫 단계의 3번째 부위에 뉴클레오타이드 연결과 2,3 단계(http://www.genocheck.co.kr/service_1-3.asp)

예를 들어서 각 부분에다가 8개의 염기 길이를 갖는 올리고뉴클레오타이드를 만든다면 첫 번째 올리고뉴클레오타이드도 4종류가 있으니4번의 사이클을 돌려야 하고 그 다음도4번을 돌리고 또 그 다음에도4번을 돌려야 하므로 전체 돌아가는 사이클은 4×8 즉, 32 단계를 거쳐야 할 것이다. 32단계를 거치게 되면 이론적으로 각 위치에 G, A, T, C 4 종류가 있으므로 4^8 종류 즉, 65,536 종류의 올리고뉴클레오타이드를 한 번에 만들어낼 수 있게 된다.

7.3 올리고뉴클레오타이드의 설계

합성하고자 하는 대상 유전자나 유전체 서열을 바탕으로 적절한 올리고뉴클레오타이드를 설계하게 된다. 올리고뉴클레오타이드를 설계할 때에는 설계 프로그램을 이용하는데 인터넷상에서 활용할 수 있는 소프트웨어의 예는 Gene2Oligo, DNAWorks, Synthetic gene designer, GeMS 등이 있다. 올리고뉴클레오타이드를 설계하는 프로그램에 있어서 가장 중요하게 고려해야 할 사항들은 다음과 같다. 첫째, 올리고뉴클레오타이드의 길이는 대략 40-50 mer 사이에서 결정하게 된다. 그 다음은 올리고뉴클레오타이드의 Tm(melting temperature, 용해온도)를 어떻게 할 것인지도 굉장히 중요한 사항이다. 세 번째는 합성 시 많은 올리고뉴클레오타이드를 이용하는데 이들 간에 서로 제 짝이 아닌 다른 짝과 얼마나 교차 결합을 할 수 있는지도 중요한 문제가 된다. 마지막으로 2차 구조의 형성여부가 그 다음 조립 합성 과정에 많은 영향을 끼치기 때문에 반드시 이점을 고려하여 설계해야 한다.

학습정리

1. 합성생물학의 핵심 기술인 DNA 합성은 올리고뉴클레오타이드 합성, 유전자 및 유전체의 조립 합성으로 이루어진다.
2. 올리고뉴클레오타이드 합성은 주로 포스포라미다이트 화학을 이용한다.
3. 올리고뉴클레오타이드 합성 가격과 정확성을 개선하는데 주력해야 한다.

참고문헌

7.1 포스포라미다이트 방법

Caruthers, M.H. 1985. Gene synthesis machines: DNA chemistry and its uses. *Science* 230: 281-5.

Pon, R.T., and Yu, S. 2004. Linker phosphoramidite reagents for the attachment of the first nucleoside to underivatized solid-phase supports. *Nucleic Acids Res.* 32: 623-631.

7.2 칩에서의 올리고뉴클레오타이드 합성

McGall, G., Labadie, J., Brock, P., Wallraff, G., Nguyen,

T., and Hinsberg, W. 1996. Light-directed synthesis of high-density oligonucleotide arrays using semiconductor photoresists. *Proc. Natl. Acad. Sci. USA* 93: 13555-60.

http://www.genocheck.co.kr/service_1-3.asp

7.3 올리고뉴클레오타이드의 설계

Xiaochuan, Z., Shiying, C., Ailing, H., Qimin, Y., Peilin, Y., Nijing, S., Onnop, S., Seema, M., Jean Marie, R., Yongmei, X., Xiaolin, Z., Qin, X., Renuka, G., Qi, Z., Anna, M., Erdogan, G., and Xiaolian, G. 2004. Microfluidic picoarray synthesis of oligodeoxynucleotides and simultaneous assembling of multiple DNA sequences. *Nucleic Acids Res.* 32: 5409-5417.

http://berry.engin.umich.edu/gene2oligo/

Hoover, D.M., and Lubkowski, J. 2002. DNAWorks: an automated method for designing oligonucleotides for PCR-based gene synthesis. *Nucleic Acids Res.* 30: e43.

8장 유전자 및 유전체의 조립 합성

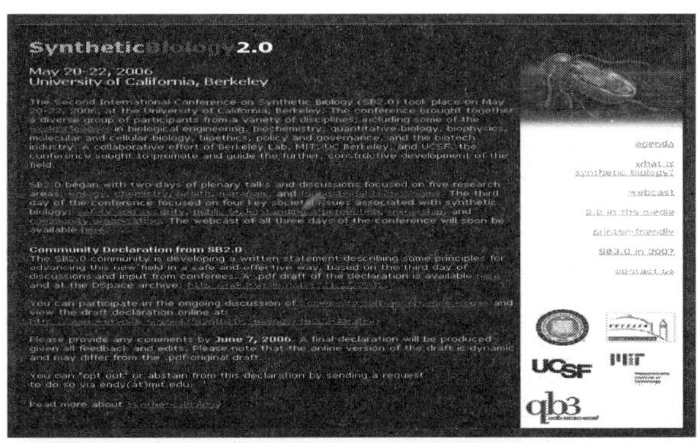

제2회 합성생물학 국제학술대회 (Synthetic Biology 2.0)는 미국의 캘리포니아 대학 (UC, Berkeley) 에서 2006년 5월 20일에 개최되었다.

8장 유전자 및 유전체의 조립 합성

학습목표

앞장에서 공부한 내용을 토대로 유전자 및 유전체 조립합성을 위한 올리고뉴클레오타이드 합성 기술의 발전 양상과 올리고뉴클레오타이드 합성의 병렬화, 소형화를 추구하고 있는 마이크로 플루이딕(microfluidic) 장치를 이용한 합성 기술과 유전자 및 유전체의 조립 합성 기술에 대해 알아보도록 한다. 그리고 이어서 유전자 및 유전체의 조립 합성의 정확성을 도모할 수 있는 방법에 어떤 것이 있는지 살펴보도록 한다.

우리는 이미 3장을 통해 유전자 합성에 대한 개략적인 내용을 공부하였다. 7장을 통하여 올리고뉴클레오타이드의 합성을 배웠다. 이장에서는 유전자와 유전체의 조립합성에 대해 자세히 배워보도록 하자. 현재까지 DNA 합성은 주로 클로닝과 PCR 방법에 의해서 이루어져 왔다. 이 클로닝이라는 것은 원하는 유전자를 포함하고 있는 DNA를 대량으로 만들어 내기 위한 방법으로써 개발이 된 것이고 PCR이라고 하는 것도 주형으로써 적은 양의 DNA를 대량으로 증폭하여 합성해 내는 방법이다. 이런 클로닝과 PCR 방법을 대체할 수 있는 방법으로써 *de novo* DNA 합성법이 주목을 받고 있다. 클로닝과 PCR은 양이 적더라도 주형이 되는 DNA가 반드시 필요한 반면, *de novo* DNA 합성은 주형이 없어도 서열을 설계한 다음 바로 합성해서 만들어낼 수 있다는 차이점이 있다. *de novo* DNA 합성의 기본이 되는 것은 올리고뉴클레오타이드의 합성이며 합성된 올리고뉴클레오타이드를 조립하여 어떠한 기능을 갖는 유전자나 오페론 또는 유전체 등을 합성할 수 있게 된다.

8.1 조립합성을 위한 올리고뉴클레오타이드 합성법

유전자 및 유전체 조립과정이 발전하기 위해서는 그 원료가 되는 올리고뉴클레오타이드 합성 기술이 발전해야 한다. 현재 올리고뉴클레오타이드 합성시 뉴클레오타이드 당 대략 미화 $0.1 정도의 비용이 드는데 더 가격을 낮추기 위해서는 조립 합성시에 100 염기 당 한 개 정도의 결실이 발생하며 염기전환이나 염기변환과 같은 염기의 오 결합과 삽입은 400 염기당 한 개 정도로 아직은 상당히 높은 오류 발생 빈도를 보이고 있다. 이 때문에 합성법의 발전이 요구되는데 특히 가격과 정확성면에서 개선이 필요하다. 올리고뉴클레오타이드 합성과 관련된 합성화학(synthetic chemistry)의 발전이나 합성 공정을 개선해야 할 필요가 있는데, 이장에서는 보편적 지지체(universal supports)의 이용, 광화학반응의 이용, 올리고합성장치의 소형화 등을 다루고자 한다.

8.1.1 보편적 지지체의 이용

7.1에서 배운 포스포라미다이트 방법에서는 고체 지지체에 첫 번째 뉴클레오사이드를 미리 붙여놓은 것을 사용하였다. 이것을 '전유도된 지지체(prederivatized support)'라 한다. 그러나 7.2에서 배운 것처럼 칩 위에서 다양한 올리고뉴클레오타이드를 병렬적으로 만든다고 할 때 각 칩의 위치에 따라서 A, G, C, T가 다양하게 사용되어야 하므로 '비유도된 고체상 지지체'에 첫 번째 뉴클레오사이드를 쉽게 직접 붙여줄 수 있는 시약이 필요하다. 또한 7.2장에서 살펴보았던 DNA 칩의 경우에는 만들어진 올리고뉴클레오타이드를 떼어 낼 필요가 없지만 합성한 올리고뉴클레오타이드를 유전자나 유전체 조립에 이용해야 할 경우에는 칩에서 떼어내야한다. 이 문제를 해결해 주는 것이 링커 포스포라미다이트라는 시약으로 링커 포스포라이다이트는 보편적 지지체에 있는 아미노기와 결합할 수 있다. 또한 합성 후 칩에서 올리고뉴클레오타이드를 떼어 낼 수 있으며, 3'-OH 기는 물론 5'-인

산 말단을 갖도록 만들어 줄 수도 있다. 결과적으로는 생체 내에서 만들어진 DNA의 구조와 동일한 구조를 가짐으로써 이후 생물학적 기능과 특성을 연구하기 용이한 장점을 가진다.

링커 포스포라미다이트의 구조적인 특징은 그림 8.1에서 볼 수 있듯이 뉴클레오사이드와 포스포라미다이트 기가 숙신산과술포닐 디에탄올(sulfonyl diethnol)로 연결되어 있다. 이 시약을 사용하더라도 기존의 포스포라미다이트 커플링 방법을 그대로 쓸 수 있다.

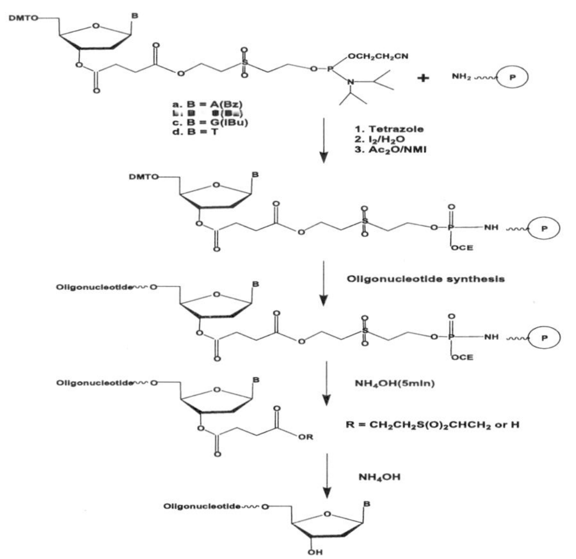

그림 8.1 링커 포스포라미다이트를 이용한 올리고뉴클레오타이드의 합성

합성이 모두 끝난 다음에 수산화암모늄(NH_4OH)으로 5분 정도 처리하게 되면 세 부분이 절단되어 결과적으로 3'-OH를 갖는 올리고뉴클레오타이드가 만들어지게 된다. 그리고 링커 포스포라미다이트 구조에서 뉴클레오사이드와 숙신산이 빠져있는 물질을 써서 5'-인산화 시약으로도 사용할 수 있다.

8.1.2 광화학반응의 이용

소형화하고 병렬화하는데 중요한 것 중 하나가 광화학 반응의 이용이다. 우리가 칩 상에서 올리고뉴클레오타이드를 합성할 때 광화학을 이용했음을 보았다. 광화학 반응은 크게 두 타입으로 나눌 수 있는데, 첫 번째는 광화학반응에 의해 생성된 산(photogenerated acid)을 이용한 방법이다(그림 8.2, A). 사용하는 뉴클레오사이드의 보호기는 DMT 기로써 일반적인 합성법에서는 보호기를 제거할 때 TCA를 처리하는데, 이 방법에서는 빛을 조사하여 빛에 의해 산이 생성되고 산에 의해 보호기가 제거 된다.

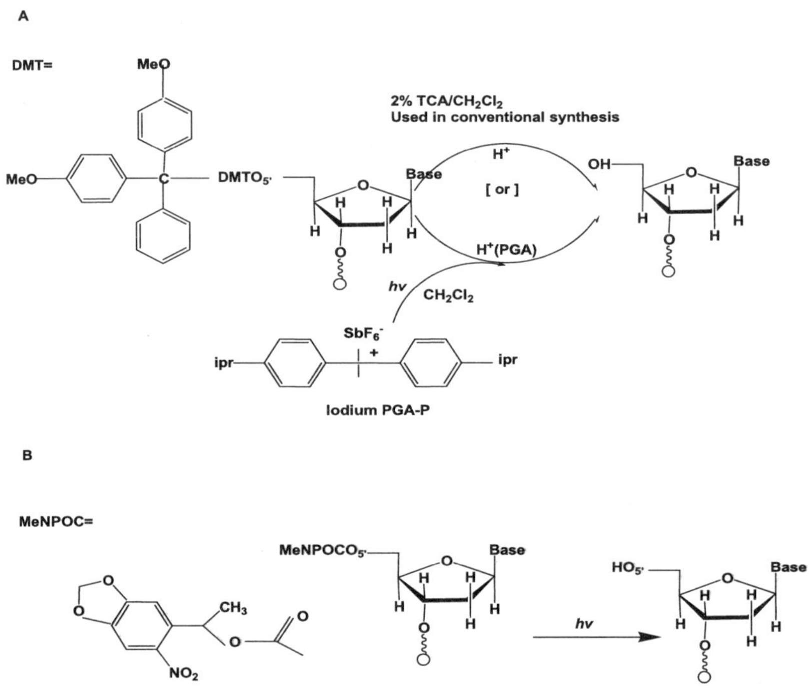

그림 8.2 광화학 반응의 이용
(A) 광화학 반응에 포토제너레이티드 산을 이용한 방법
(B) 보호기 자체가 빛에 의해서 절단될 수 있도록 한 방법

그래서 빛을 조사한 지점에서만 보호기가 제거되고 올리고뉴클레오타이드 합성이 일어나기 때문에 빛으로 제어 할 수 있게 되는 것이다. 두 번째 방법은 보호기 자체를 빛으로 절단할 수 있는 작용기를 사용하는 것이다(그림 8.2, B). 이것은 MENPOC(α - methhyl - 6 - nitropiperonyloxy carbonyl)의 구조로 되어 있고 이런 광에 불안정한 보호기를 가지고 있는 뉴클레오사이드를 사용하면 빛을 조사 했을 때 탈 보호되고 빛을 조사한 부분만 올리고뉴클레오타이드 합성에 관여할 수 있게 되는 것이다. 이 광분해기는 MENPOC기 외에도 NPPOC

(2-nitrophenylpropyl-oxycarbonyl)기도 사용되고 있다(그림 8.3). 많은 올리고 합성 회사가 있지만 그 중Nimblegen/Affimetrix에서는 광에 불안정한 5' 보호기를 사용하는 방법을 쓰고 있고 Atactic/Xeotron에서는 광화학 반응에 의해 생성된 산이 보호기를 없애는 방법을 사용하여 올리고를 합성하고 있다.

3'-amidite-nucleotide-5'-NPPOC

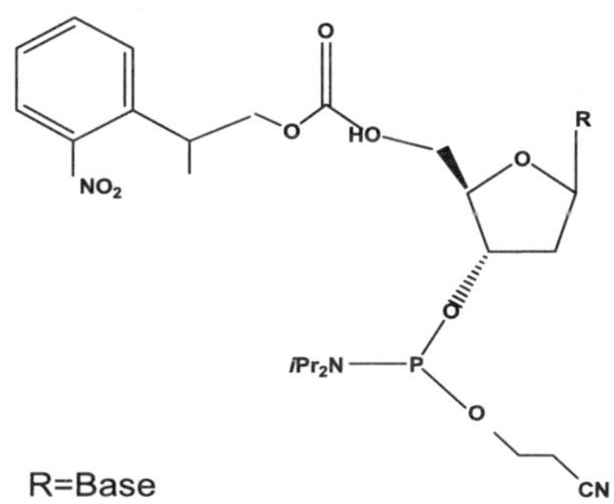

R=Base

그림 8.3
광분해 보호기
(Photocleavable protecting groups)

8.1.3 올리고 합성 장치의 소형화

첫 번째 뉴클레오사이드를 어떤 종류든 쉽게 붙일 수 있는 방법과 합성한 올리고뉴클레오타이드를 쉽게 절단할 수 있는 방법, 또한 각 지역별로 빛에 의해서 올리고뉴클레오타이드의 합성을 제어할 수 있는 방법이 개발됨에 따라 칩 상에서 고밀도로 병렬적으로 올리고뉴클레오타이드를 합성할 수 있는 방법들이 개발되게 되었다. 올리고 합성 장치가 소형화되고 합성이 병렬화 되면 사용되는 물질의 양이 줄어들고 이것은 곧 비용의 절감을 통한 가격의 하락으로 이어질 수 있다. 또한 소량의 액체에서 반응이 일어나기 때문에 반응을 최적화하는 것이 용이하다. 따라서 오류가 발생하는 빈도를 줄일 수 있게 된다. 결과적으로 가격과 정확도를 만족시킬 수 있는 방안이 될 수 있는 것이다.

8.1.4 고밀도 올리고뉴클레오타이드 마이크로어레이 (microarray)의 광유도 합성

실제로 병렬화하고 소형화하여 올리고뉴클레오타이드 합성을 할 수 있는 방법에 대하여 살펴보자. 먼저 빛에 의해서 합성을 하고 고밀도 올리고뉴클레오타이드 마이크로어레이로 작은 칩에서 합성하는 것이다. 우선 올리고뉴클레오타이드 합성을 병렬화해서 할 경우 25 mer를 만든다고 하면 25 × 4를 하여 100 사이클을 돌리게 된다. 이처럼 많은 시간을 똑같은 반응 즉, 탈 보호시키고 활성화 시켜 연결하는 등의 많은 과정을 반복해야 하기 때문에 비용 상승의 결과를 초래한다. 이러한 것을 해결해 줄 수 있는 것이 빛에 의해서 제어할 수 있는 올리고뉴클레오타이드의 합성법이다. 그리고 이렇게 할 경우 Affimetrix 방법은 크론 마스크를 쓰게 되는데 이것은 가격이 비쌀 뿐 아니라 시간이 많이 걸리므로 방법의 개선이 필요하다. 이로써 한 시간 이내에 25 mer 올리고뉴클레오타이드를 78 만 개 이상 쉽게 만들어 낼 수 있는 빛을 이용한 기술들이 개발되고 있다. 이것은 마스크를 사용하지 않기 때문에 무마스크 배열합성기(maskless array synthesizer; MAS)라고 불린다. 이것은 빛을 원하는 위치에, 원하는 시간에 조사할 수 있도록 해주는 장치를 필요로 하는데 디지털 라이트 프로세서(digitallight processor, DLP)라는 장치가 이 역할을 담당한다. 이 DLP를 사용하여 마스크를 대신하는 것이며 이 장치는 16 μm크기의 아주 작은 거울이 1024 × 768의 배열로 장치되어 있고 이 때문에 DLP를 디지털 마이크로거울(digital micromirror)이라고도 한다. 이것을 발광원과 각도를 컴퓨터로 잘 조정하여 결과적으로는 우리가 합성하고자 하는 칩 상에 원하는 시간에만 특정 부분에 빛을 조사할 수 있도록 해줌으로써 이 부분에 차폐막을 칠 필요가 없게 된다. 그래서 크롬 마스크를 사용하지 않는 무마스크 합성기가 개발되었다(그림 8.4).

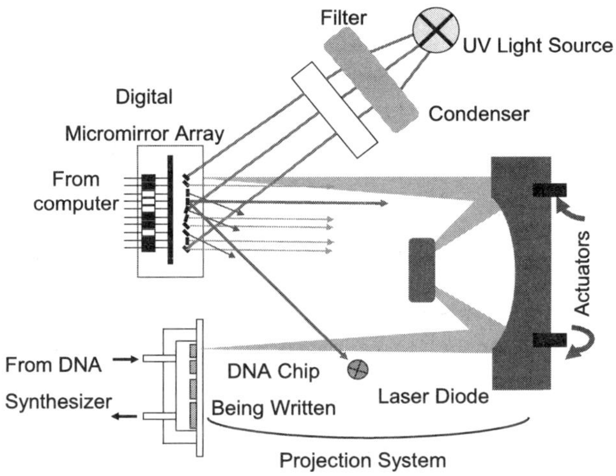

그림 8.4 빛에 의한 직접 뉴클레오타이드 칩의 마스크리스 제작

8.1.5 칩 상에서의 포스포라미다이트 올리고뉴클레오타이드의 합성

앞에서 본 것은 빛을 조절하고 프로그래밍하여 특정 시간, 특정 부분에 조사할 수 있도록 해주는 것으로 결국 빛을 받아서 반응을 일으키고 있는 것은 칩 부분인데 칩 부분도 굉장히 소형화되어 만들어졌다. 이것은 Zhou(2004)가 개발한 피코어레이 반응칩(Picoarray reactor chip)이다(그림 8.5).

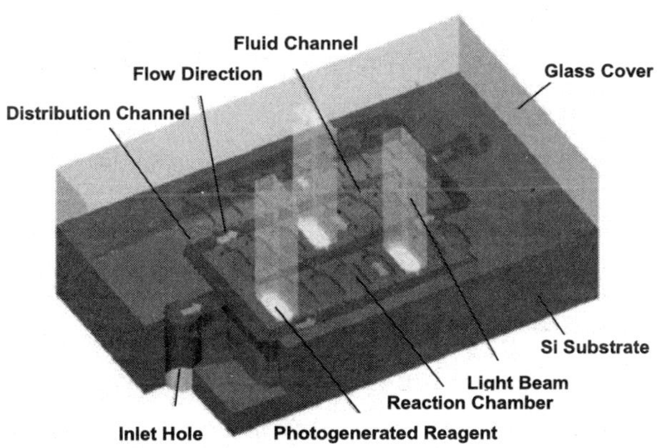

그림 8.5 Zhou(2004)가 개발한 피코 어레이 반응 칩

이 칩의 구조를 살펴보면 유입구는 각종 시약들이 완충액과 함께 들어가도록 되어있고 시약과 완충액들이 들어가면 분배관을 통해 유체가 지나가도록 되어 있다. 분배관의 통로에 있는 자그마한 방들에는 반응 챔버가 있으며 이것은 실리카 부분에 만들어져 있고 그 윗부분은 유리로 덮여 있는 이중 구조로 되어있다. 이 각각의 챔버는 조그마한 크기로 넓이는 90 μm, 길이는 200 μm, 깊이는 15 μm 정도의 크기로 전체 내부의 부피는 270 pL 정도인 아주 작은 챔버이며 이것은 전체 1.7 × 2.0 cm^2 크기에 3,968개의 챔버가 만들어져 있는 장치이다. 이런 장치에 마이크로거울 어레이를 이용하여 원하는 위치에만 빛을 조사해 줄 수 있고 빛을 조사한 챔버에서만 광화학 반응이 일어나고 다음에는 또 다른 위치에 빛을 조사해서 반응을 일으키는 것을 반복하여 원하는 여러 종류의 올리고뉴클레오타이드를 한꺼번에 병렬적으로 합성할 수 있게 된다.

8.1.6 PCR 증폭

마이크로 플루이딕 장치 혹은 칩에서 올리고뉴클레오타이드를 만든 다음에는 이 올리고뉴클레오타이드를 떼어내야 하는데 NH_4OH와 같은 염기로써 끊어내게 된다. 다시 말해서 맨 처음에 붙어있는 링커 포스포라미다이트는 염기에 불안정한 링커를 가지고 있어서 올리고뉴클레오타이드를 합성한 다음에 NH_4OH를 처리하게 되면 해리된다. 이는 작은 용량의 칩에서 만드는 것이기 때문에 올리고뉴클레오타이드의 농도가 피코몰이나 그 이하로 아주 낮은 농도가 된다. 이렇게 해리된 올리고뉴클레오타이드는 직접 사용하여 생물학적 실험을 하기에는 너무 농도가 낮아 대부분의 경우는 PCR 증폭 과정을 거쳐서 올리고뉴클레오타이드의 농도를 증폭시키게 된다. 증폭을 하려면 증폭을 위한 프라이머가 붙을 서열 위치가 필요하므로 실제로 원하는 서열의 양 말단에 프라이머가 붙는 위치를 더 넣어서 합성해 주어야 한다. 그래서 원래보다 더 길게 합성하여 염기를 처리하여 떼어낸 다음에는 양 옆에 증폭을 시키기 위한 프라이머를 붙이고 PCR로 증폭하게 된다. 이로써 이중가닥 DNA를 얻게 되고 우리가 원하는 것만을 선별하기 위해서는 다시 제한효소로 절단하여 원하는 부분의 서열을 갖는 것만을 골라 유전자 합성에 이용하게 된다(그림 8.6).

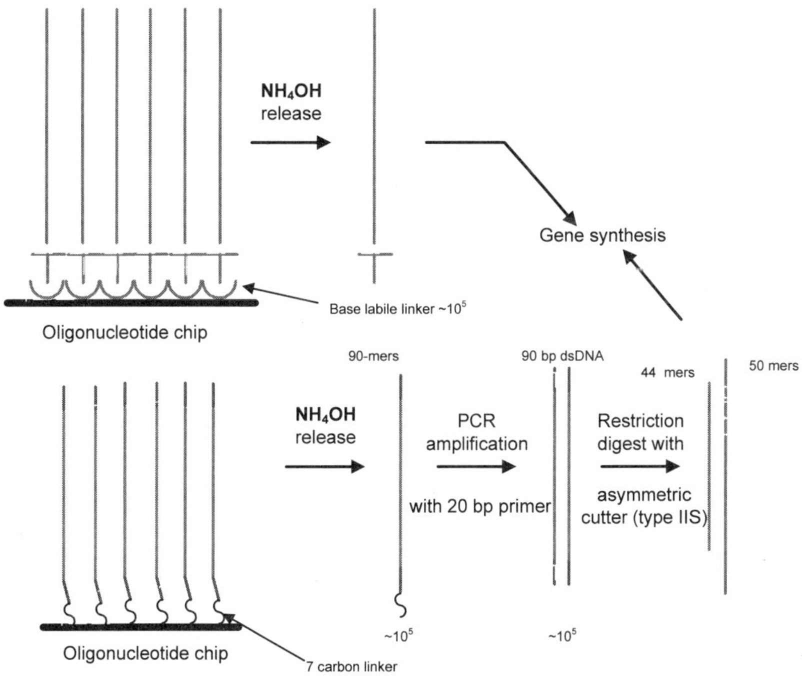

그림 8.6 올리고뉴클레오타이드 에서 DNA를 떼어낸 후 PCR을 이용한 증폭 과정

8.2 오류 제거 방법

올리고뉴클레오타이드를 가지고 유전자 조립 합성을 할 때 정확성 에 가장 문제가 되는 부분은 처음 사용한 올리고뉴클레오타이드 자체의 문제와 증폭시키는 과정에서의 문제가 있다. 올리고뉴클레오타이드를 합성했을 때 잘못된 것이 많이 섞여있게 되며 이런 것들은 HPLC나 전기영동을 통해서 걸러낸다. 전기영동을 이용해서는 크기가 잘못된 즉, 결실이 된 것을 골라낼 수 있지만 길이는 같으면서 염기치환변이가 일어난 것들은 구별할 수 없기 때문에 그러한 오류는 제거되지 않는

다. 그래서 다양한 올리고뉴클레오타이드의 정확성을 담보하고 또 조립 합성한 DNA의 정확성을 확보하기 위하여 여러 가지 방법들이 고안되었는데 우선 혼성화에 의해서 정확한 서열만 골라내는 방법이 있고 또 DNA의 오결합 즉, 잘못 결합되어진 부분만을 골라내는 단백질을 이용하여 실수를 잡아내는 방법들이 사용되고 있다.

8.2.1 혼성화에 의한 합성 올리고뉴클레오타이드의 선별

유전자나 유전체를 조립 합성하기 위해 올리고뉴클레오타이드를 칩 상에서 만들 때 실제 합성한 올리고를 구축 올리고(construction oligo)라 하고 이러한 구축 올리고에서 정확하게 합성된 올리고만을 골라내기 위해 사용하는 올리고를 선발 올리고(selection oligo)라고 한다. 구축 올리고 중 정확하게 합성된 올리고만을 구하기 위해서는 구축 올리고와 선발 올리고간의 혼성화 선발(hybridization selection)법을 이용한다. 그림 8.7에서 우리가 진짜 원하는 부분의 올리고뉴클레오타이드 서열은 내부에 있는 50 mer의 크기이고 양 옆은 올리고

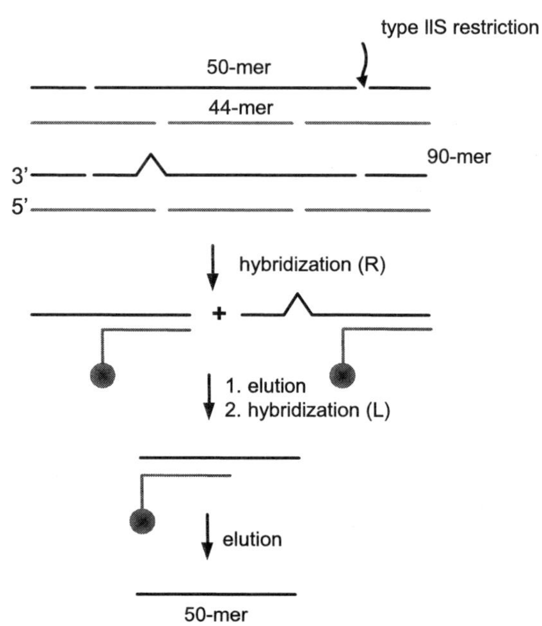

그림 8.7 혼성화를 이용한 오류 제거 방법

뉴클레오타이드를 증폭할 때 사용되는 프라이머가 붙는 부분이다. 그래서 PCR로 증폭을 한 다음에 제한효소로 절단하여 원하는 부분만 따로 떼어낸다. 증폭했을 때의 오류는 여러 가지 이유에 의해 생기게 되는데 앞서 말했듯이 올리고뉴클레오타이드 합성 자체에서의 실수와 PCR 과정에서의 실수에 의한 오류가 많다.

정상적으로 합성된 올리고들도 있고 오류를 가지고 있는 올리고(그림에서 꺽쇠 표시한 부분)도 있을 때 절단 후 50 mer 크기의 구축 올리고 전체를 덮을 수 있는 상보적인 R와 L 선발 올리고와 혼성화 하게 된다. 이것은 5' 끝을 바이오티닐레이션 시켜서 streptavidin bead에 결합을 시킬 수 있고 선발 올리고 뉴클레오타이드와 정확하게 결합할 수 있는 올리고뉴클레오타이드만 골라낼 수 있게 된다. 우선 R 선발 올리고를 가지고 혼성화 할 때에는 양 쪽 모두 문제가 없으므로 둘 다 골라지게 되지만, L 선발 올리고로 할 때에는 오류를 포함하고 있는 올리고는 붙지 못하므로 정확한 것만 골라지게 된다. 즉, 선발 혼성화 과정을 거쳐서 잘못된 올리고뉴클레오타이드를 제거하는 방법이다.

합성의 정확도를 비교해 보자. 선별 과정을 거치지 않고 올리고뉴클레오타이드를 직접 PCR하게 되면 159 염기 당 하나의 상당히 높은 빈도의 오류가 발생된다. 그러나 겔 전기영동법을 통해서 제대로 된 올리고뉴클레오타이드를 선발하여 PCR하면 결실로 인한 오류를 줄게 하여 대략 3배정도의 개선 효과를 보인다. 또한 혼성화에 의한 선별을 한 다음에 PCR을 한 경우를 보면 대략 1,400으로 9배-10배 정도의 개선 효과가 있음을 볼 수 있고 염기변환(transition)이나 염기전환(transversion)과 같은 치환돌연변이(substation mutation)도 많이 개선되고 있음을 볼 수 있다. 그러나 1400 염기 당 하나의 오류라고 하는 것은 아직도 개선해야 할 여지가 많음을 내포하고 있다(그림 8.8).

그림 8.8 합성의 정확도 비교

Method	Total bp	# Clones	Transition	Transversion	Deletion	Addition	Bp/error
Hyb selection, PCR	23641	9	7	3	5	2	**1391**
Gel selection, PCR	24546	35	28	12	11	3	455
No selection, ligation +PCR	6093	25	6	6	22	4	160
No selection, PCR	9243	21	25	13	19	1	**159**

8.2.2 합성 DNA의 오류 제거 및 교정

좀 더 정확한 DNA를 합성하기 위한 새로운 방법이 고안되었는데 DNA상의 서로 염기의 짝이 맞지 않는 잘못된 부분만을 감지해서 붙을 수 있는 MutS 오결합 접합 단백질(MutS missmatch binding protein)을 이용하는 방법이다(그림 8.9).

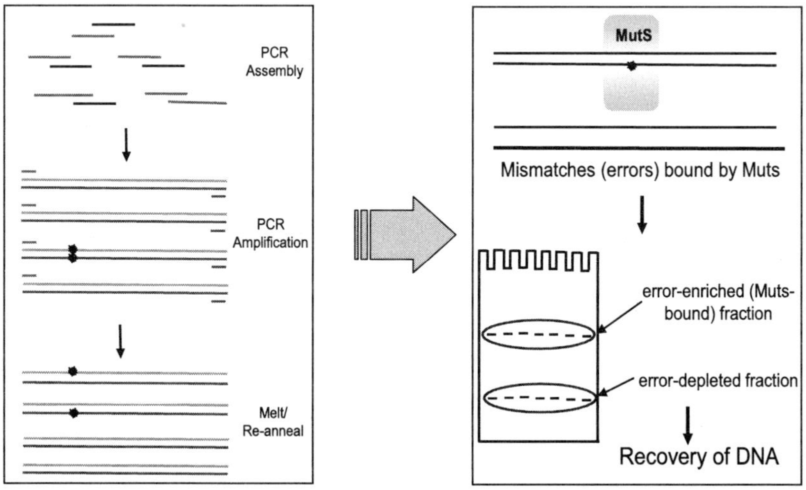

그림 8.9 MutS 오결합 접합 단백질을 이용한 방법

올리고뉴클레오타이드를 합성 한 다음에 증폭 프라이머를 사용하여 PCR로 증폭을 하여 궁극적인 합성 DNA를 만들어내게 된다. 이때 여러 가지 오류로 인해 한쪽의 서열에만 변이가 생기거나 아니면 양쪽 모두에 변이가 생길 수도 있다. 한쪽에만 변이가 생긴 경우는 MutS가 붙어 선별해 낼 수 있지만 양쪽 모두에 변이가 생겼을 경우에는 MutS가 붙지 못해 선별해 내기가 어렵다. 양쪽 모두에 변이가 생겼을 경우에는 MutS가 붙어 선별해 낼 수 있지만 한쪽에만 변이가 생긴 경우에는 MutS가 못 붙어 선별해 내기가 어렵다. 때문에 이것을 선별해 내기 위해서 한쪽만 변이가 생긴 곳에 오결합이 생기도록 해주는 것이다 다시 말하면 이 오류가 PCR 증폭에 의해 fix 된 것에서는 MutS가 감지할 수 없기 때문에 변성과 재결합을 통해서 잘못된 부분은 오 결합이 생기도록 해주는 것이다. 그 다음 MutS 단백질을 처리하게 되면 오 결합이 된 부분은 MutS가 붙게 되고 MutS가 붙은 것을 구별해내기 위해 전기영동을 하면 MutS가 붙은 것은 천천히 이동을 하고 오류가 없는 것은 빨리 이동을 하기 때문에 오류가 없는 정확한 올리고뉴클레오타이드를 골라낼 수 있다. 이러한 과정을 통해서 1,400 정도에 머물던 것을 9배 정도 이상 정확성을 증가시켜 10 kb (10,000bp)당 하나 정도의 오류를 포함할 수 있을 만큼의 정확도를 얻을 수 있다.

오류를 제거하는 방법을 다시 정리하여 보면 먼저 MutS를 이용하는 방법은 PCR 조립을 하는 과정에서 하나만 생길 수도 있고 PCR 증폭을 하면서 양 쪽에 모두 변이가 일어나 버린 고정된 상태의 DNA도 얻어질 수 있다. 그 중에 하나짜리는 PCR 증폭과정을 통해서 양쪽을 고정하게 된다. 그렇기 때문에 변성 후 재혼성화 하여 오류 부분이 같은 DNA에 있지 않고 다른 DNA로 흩어져서 오결합이 생기도록 해준다(그림 8.10, A). 재혼성화해서 오결합된 부분은 MutS가 와서 감지를 하고 제거시키면 정확한 것만 남게 된다. 그리고 전기영동을 이용한 방법인데 이것은 결실 부분이 존재시 원하는 산물과의 크기 차이가 발생할 것인데 이를 이용하여 오류를 분리해내는 방법이다. 그러나 이런 방법들은 시간도 많이 걸리고 힘들기 때문에 개선이 필요하

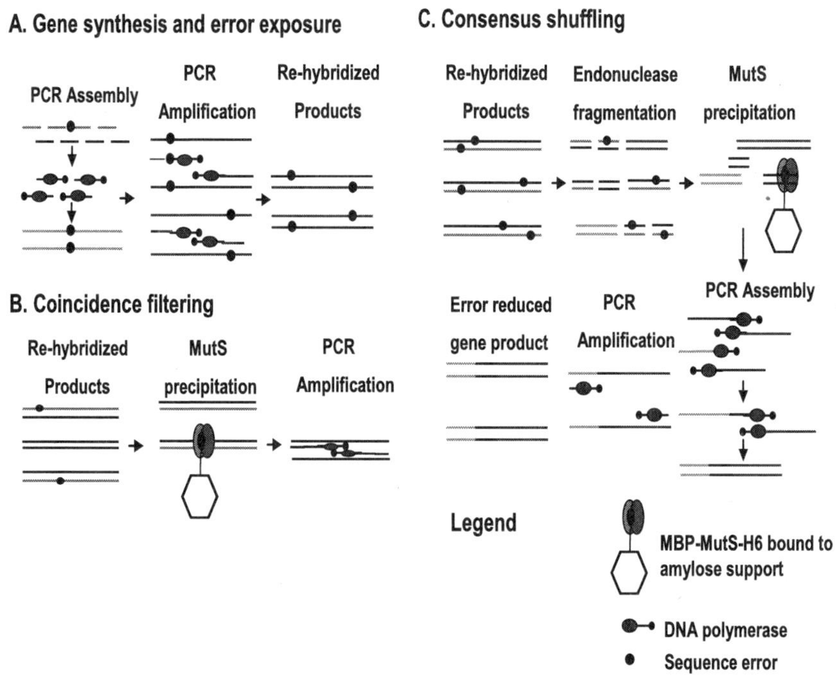

그림 8.10 합성 DNA의 오류를 제거하거나 교정하는 3가지 방법

다. 그 해결책 중 하나가 바로 엿당 결합 단백질(maltose binding protein; MBP)에다가 MutS-H6를 결합시킨 것을 이용하는 것이다. 엿당 결합 단백질은 아밀로즈 지지체(amylose support)에 특이적으로 결합을 할 수 있다. 그래서 간단한 친화성 컬럼을 걸어서 이것들만 쉽게 제거할 수 있다. 이 방법은 동시여과법(coincidence filtering)이라고 하며 반드시 변이가 낮은 빈도로 일어났을 때에만 이용한다(그림 8.10, B).

이처럼 오류가 적을 때는 별 문제가 없지만 오류가 많을 때에는 다시 말해서 재혼성화 생산물이 붙었을 때 모두 오결합이 되긴 했지만 모든 DNA에 하나씩 오류가 있는 상황이라면 DNA가 전부 제거가 되기 때문에 문제가 된다. 그래서 이런 경우에는 콘센서스 셔플링(consensus shuffling) 방법을 사용하게 된다(그림 8.10, C). 이 방법은 DNA를 엔도뉴클레아제(endonuclease)로 절단시켜서 임의적으로 조각을 내고 MutS로 침전시킨다. 그러면 잘못된 부분을 가지고 있는 것들은 침전을 시켜서 제거할 수 있고 제대로 된 부분들만 남게 된다.

이 제대로 된 부분을 가지고서 다시 PCR 조립를 하고 PCR 증폭 프라이머를 사용하여 PCR 증폭을 하면 최종적으로 제대로 된 것을 얻어낼 수 있다. 콘센서스 셔플링 방법은 조각화하여 잘못된 부분은 침전시키고 제대로 된 부분만 얻어 조립하고 증폭함으로써 20,000 bp 당 하나 정도까지 정확성을 증가시킬 수 있었다. 그러나 세균과 같은 유전체 합성에 도전을 할 때에는 적어도 4 Mb그리고 그 이상이 되는 10 Mb 정도에 하나의 오류를 범하는 정확도를 유지할 수 있는 방법의 개발이 요구된다.

8.3 조립 합성 방법

3장에서 공부했듯이 유전자/유전체 조립합성방법은 여러 가지가 사용되고 있는데 그중에서3장에서는 순차적 조립법과 Stemmer에 의해 개발된 중합효소 구축과 증폭(PCA, polymerase construction and amplification)에 대해 간략히 알아보았다. 여기에서는 PCA방법을 이용한 조립합성에 대해 공부하고자 한다.

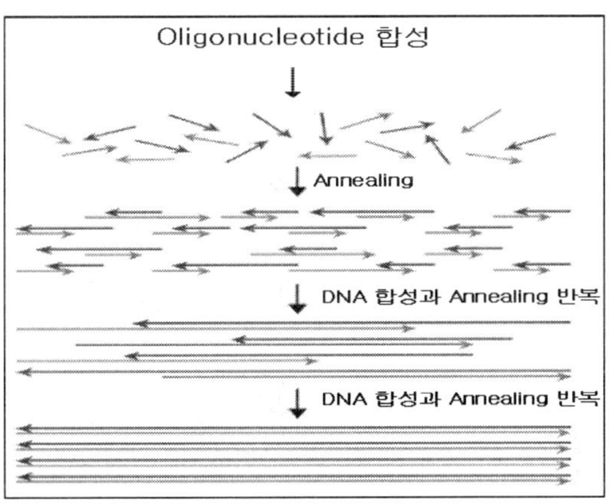

그림 8.11 올리고뉴클레오타이드들을 이용한 유전자의 합성

다시 한 번 PCA에 대해 정의해보면 DNA를 구성하고 있는 짧은 올리고뉴클레오타이드를 먼저 합성한 다음에 이 올리고뉴클레오타이드로부터 완성된 유전자 서열을 만들어내고 그 다음에 PCR을 이용해서

증폭시키는 두 가지 단계를 거쳐서 원하는 유전자나 유전체를 조립 합성할 수 있는 방법이다. 이러한 방법을 사용할 때 맨 처음에 사용되는 올리고(oligo)를 구축 올리고라고 하는데 이것의 길이가 길면 올리고뉴클레오타이드를 합성할 때에 많은 오류가 생길 것이고, 짧을 경우에는 붙이는 조립과정이 어려워 질 것이다. 그래서 결국 구축 올리고는 조립도 편하고 정확성도 유지 할 수 있을 만큼의 크기인 대략 40-50 nt 정도이다(그림 8.11). 이것들로 전체 길이의 유전자를 합성하는 것이다. 즉, 구축 올리고들이 섞여 겹쳐지면서 PCR에 의해 중합(polymerization)이 일어나고 중간 단계를 거쳐서 조금 더 긴 산물을 만들어내면서 하나의 완성된 산물이 만들어지게 된다. 이렇게 완성된 산물의 유전자의 양 말단에 해당 되는 부분과 염기쌍을 형성할 수 있는 증폭 프라이머를 이용하여 최종 산물을 증폭시키게 된다. 따라서 PCA 방법을 사용할 때에는 구축 올리고와 증폭 프라이머를 사용하여 PCR을 한다는 것을 기억해야 한다. 이런 PCA 방법을 기반으로 해서 유전체 조립 합성을 하게 되는데 실제 이루어지는 조립합성 과정은 어떤 목적인지 그리고 어떤 기계를 사용하는지에 따라서 다양한 형태의 조립 합성 과정이 있다. 조립 방법에 대해 살펴보면, 먼저 2004년도에 Carr 등이 행한 방법은 그림 8.12와 같다.

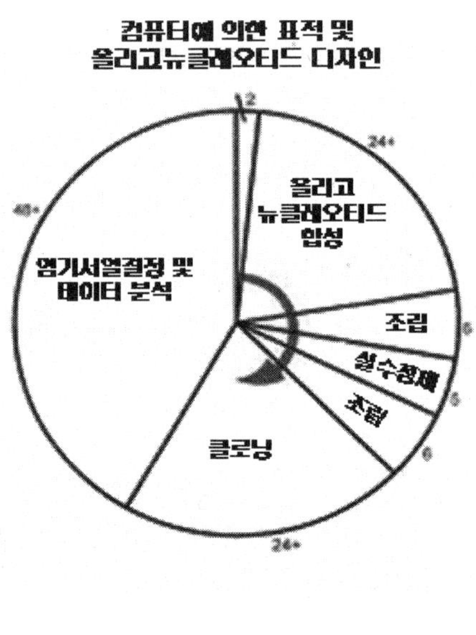

그림 8.12 Carr 등이 주장한 유전자의 합성과정 (Carr *et al.*, 2004)

이들은 대상 유전자 서열로부터 구축 올리고를 설계를 하였고 그 다음에 설계에 따라서 올리고뉴클레오타이드를 합성하였으며 합성한 다음에는 합성된 올리고뉴클레오타이드를 가지고 조립 합성을 하였다. 최종적인 완전한 크기의 조립 합성을 처음부터 행하기가 약간 어렵기 때문에 보통 두 단계로 나누어 조립 합성을 하게 되는데 이 조립 합성하는 두 단계 사이에 잘못된 부분들을 제거하는 과정을 거치게 된다.

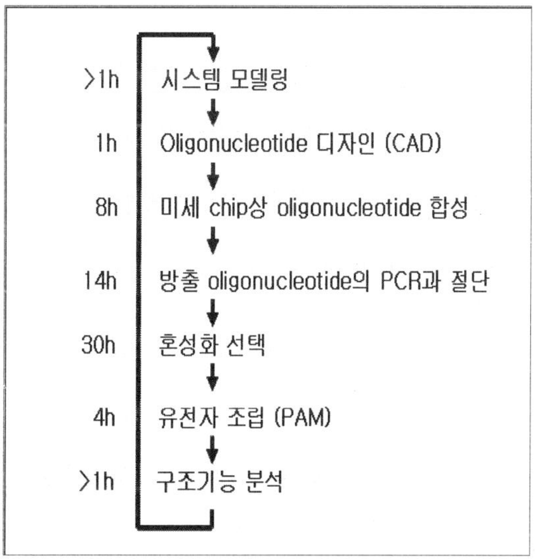

그림 8.13 Tian 등이 주장한 유전자의 합성과정 (Tian *et al.*, 2004)

다음으로는 2004년도에 Tian 등이 발표한 방법으로 그림 8.13과 같다. 이 경우에도 모델링과 올리고뉴클레오타이드를 합성하는 설계 과정 및 합성 과정이 있다. 물론 시간의 차이는 존재한다. 그 다음에는 올리고뉴클레오타이드를 가지고 증폭을 시키고 잘못된 부분을 골라내며 조립을 한 후 분석을 하는 대부분 비슷한 과정을 거치게 된다.

그래서 최종적으로 만들어진 유전자는 시험관적 전사/번역 과정 또는 클로닝을 거쳐서 확인을 할 수가 있고 서열 결정을 통해서 제대로 서열이 이루어졌는지 또는 합성되었는지 확인하게 된다. Carr 등(2004)의 방법과 다른 점은 마이크로 플루이딕 장치를 사용하여 올리고뉴클레오타이드를 만들었고 해리된 올리고뉴클레오타이드의 양이

적기 때문에 PCR로 증폭하여 올리고뉴클레오타이드의 양을 증가시키는 단계를 거쳐야 한다. 이것을 위해서 증폭 PCR 프라이머가 붙을 수 있는 부분을 더 붙여줘야 하며 그 부분을 잘라낼 수 있는 제한효소 인식 부분을 갖게 만들어야 한다는 점이다. 이렇게 해서 증폭을 시킨 다음 최종적으로 만들어진 올리고뉴클레오타이드를 혼성화 선발 방법을 이용해서 정확한 올리고뉴클레오타이드를 골라낸 다음에 조립과정을 수행하게 되는 것이다(그림 8.13). 오류를 줄이면서 유전자를 합성하는 과정을 그림 8.14를 통해 정리해보자.

그림 8.14 칩 상의 올리고로부터 값싸고 반자동적인 유전자의 합성

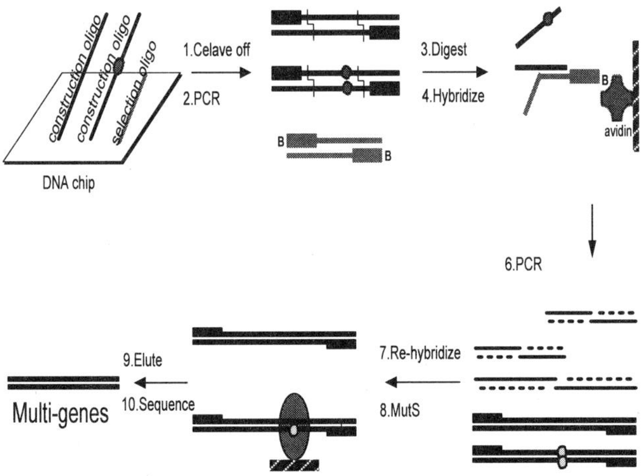

DNA 칩 상에서 구축 올리고뿐만 아니라 혼성화 선발을 하기 위한 선발 올리고도 같이 만들어 준다. NH_4 OH로 칩에서 합성된 올리고뉴클레오타이드를 떨어뜨리고 증폭 프라이머를 붙여서 PCR 증폭을 한다. 구축 올리고의 양 말단에 있는 PCR 증폭을 위한 서열은 이제 제한효소로 잘라 없애버리고 혼성화 선발 과정을 거친다. 이런 과정을 통해서 제대로 된 올리고뉴클레오타이드로만 PCR을 통해 조립을 하고 그 후에 양 말단에 증폭을 할 수 있는 프라이머를 붙여서 PCR 증폭을 하게 된다.

올리고뉴클레오타이드는 정확하게 되었다 하더라도 PCR 증폭하는

과정에서 잘못이 생기게 되는데 이 잘못이 생긴 것은 오류가 노출되도록 변성, 재결합을 통해서 서로 분리되어 오결합을 이루도록 해준다. 오결합을 지닌 DNA는 MutS와 결합하여 침전되고 제대로 된 유전자만 남게 된다. 이처럼 혼성화 선발을 통해서 올리고의 오류를 제거하고 MutS를 이용하여 조립 합성 과정에 있어서의 실수를 제거하는 단계를 거침으로써 현재 20,000 bp당 하나가 생기는 정확성을 확보하게 되었다. 이런 것들이 단계별로 합성을 할 때에 큰 DNA를 합성하려면 먼저 신톤(syntons- 500bp정도 되는 작은 크기의 DNA)을 만들어내고 그 신톤의 정확성을 확인한 다음에 신톤과 신톤을 결합하는 다중 신톤을 대략 5 kb 정도로 만든다. 이것을 만들기 위해서 클로닝 방법을 쓰기 때문에 적절한 제한효소 인식 부분을 넣어서 만들게 된다. 이로써 2004년도에 32 kb에 해당되는 폴리케테이드 합성 유전자 복합체(polyketide synthase(PKS) gene cluster) 즉, 항생제를 생산하는 유전자군의 합성이 성공적으로 이루어졌다(그림 8.15).

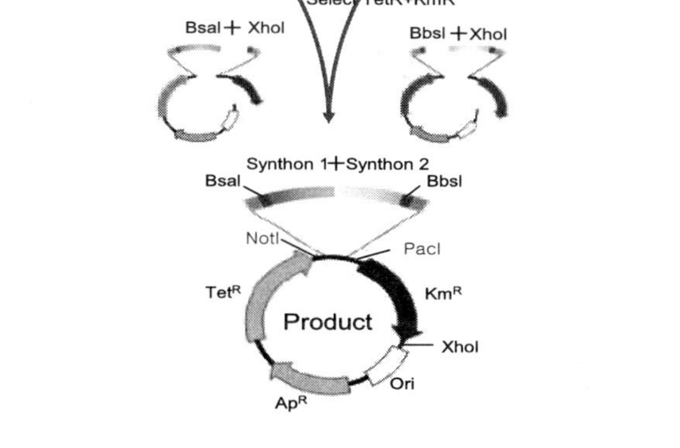

그림 8.15 32 kb 폴리케티드 합성효소(KPS) 유전자군의 합성

8.3.1 조립 합성 장치의 소형화 및 병렬화

올리고뉴클레오타이드 합성 장치만 소형화하는 것이 중요한 것이 아니고 조립 합성하는 것도 소형화하는 것이 필요하다. 병렬화하고 소형화함으로써 가격을 저렴하게 할 수 있고 반응의 최적화를 통해 정확성을 유지할 수 있기 때문이다. 우선은 500 nl 반응 4 종류를 병렬로 동시에 수용할 수 있는 합성 장치가 개발되어 연구되고 있는데(그림 8.16)

그림 8.16
마이크로플루이딕 장치에서의 병렬 유전자 합성

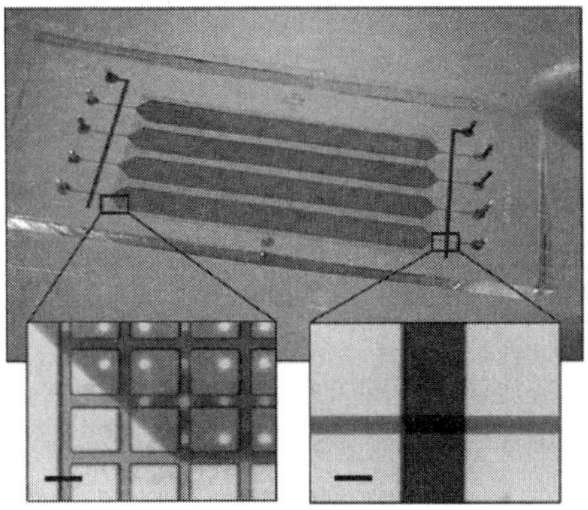

유전자를 합성하는 챔버와 물이 들어가는 물 재킷이 있으며 오른쪽에는 반응액이 들어가는 채널이 있다.

마이크로 플루이딕 장치는 올리고뉴클레오타이드 10-25 nM로부터 현재 대략 1 kb 정도의 유전자를 합성할 수 있는 소형화에 성공하였다. 이러한 양은 현재 보편적으로 사용되고 있는 유전자 합성에 비하면 1/10 - 1/100 수준이다. 이로써 들어가는 올리고나 기타 여러 가지 물질의 양이 줄기 때문에 가격이 당연히 하락하는 효과를 얻을 수 있다. 현재 시범적으로 해봤을 때 오류가 560 bp 당 하나로 높은 것으로 나타났는데 이것은 오류정정 시스템도 같이 제작함으로써 훨씬 개선될 수 있을 것으로 기대된다.

8.3.2 DNA 합성법의 개선

종합적으로 올리고뉴클레오타이드의 합성과 유전자 및 유전체의 조립 합성 방법을 개선할 필요성이 있는데 무엇보다 중요한 것은 앞서 말했듯이 가격이다. 현재 올리고뉴클레오타이드 합성 가격은 뉴클레오타이드 당 미화$0.1 정도인데 유전자 합성을 의뢰하는 경우는 bp당 미화 $ 1.0까지 받는다. 이렇게 가격이 5배 정도 증가하는 것은 주로 유전자 조립 합성시에 발생하는 오류를 제거하는데 많은 노력과 시간이 소모되기 때문이다. 따라서 현재의 유전자 합성 가격을 약 1/10로 줄이기 위해서는 올리고뉴클레오타이드 합성과 조립 합성과정을 소형화하고 자동화 하는 것이 필요하다. 가격을 1/10로 줄였을 때에는 클로닝이나 PCR을 통한 방법과 비교하여 가격경쟁력이 우위를 점하게 되고 모든 시스템 제작이 *de novo* 합성으로 바뀌게 될 것이다.

학습정리

1. 올리고뉴클레오타이드 합성 기술은 링커 포스포라미다이트와 광화학 반응을 이용하여 마이크로플루이딕 장치에서 병렬로 고밀도 합성을 하는 방향으로 발전되고 있다.
2. 특히 가격과 정확성 측면에서 올리고뉴클레오타이드로부터 유전자 또는 유전체를 효율적으로 조립 합성하는 기술이 매우 중요하다.

참고문헌

8.1 조립합성을 위한 올리고뉴클레오타이드 합성법

Pon, R.T., and Yu, S. 2004. Linker phosphoramidite reagents for the attachment of the first nucleoside to underivatized solid-phase supports. *Nucleic Acids Res.* 32: 623-631.

Gao, X., LeProust, E., Zhang, H., Srivannavit, O., Gulari, E., Yu, P., Nishiguchi, C., Xiang, Q., Zhou, X. 1998.

Oligonucleotide synthesis using solution photogenerated acids. *J. Am. Chem. Soc.* 120: 12698-12699.

Fodor, SP., Read, J.L., Pirrung, M.C., Stryer, L., Lu, A.T., Solas, D. 1991. Light-directed, spatially addressable parallel chemical synthesis. *Science* 251: 767-773.

8.2 오류 제거 방법

Singh-Gasson, S., Green, R.D., Yue, Y., Nelson, C., Blattner, F., Sussman, M.R., Cerrina, F. 1999. Maskless fabrication of light-directed oligonucleotide microarrays using a digital micromirror array. *Nat. Biotechnol.* 17: 974-978.

Zhou, S., Deng, X., Yang, H. 2004. Biodegradable poly(ε-caprolactone)-poly(ethylene glycol) block copolymers: characterization and their use as drug carriers for a controlled delivery system, *Biomaterials* 24: 3563-3570.

Greger, B., and Kemper, B. 1998. An apyrimidinic site kinks DNA and triggers incision by endonuclease VII of phage T4. *Nucleic Acids Res.* 26: 4432-4438.

Smith, J., and Modrich, P. 1997. Removal of polymerase-produced mutant sequences from PCR products. *Proc. Natl. Acad. Sci. USA* 94: 6847-6850.

8.3 조립 합성 방법

Young, L., and Dong, Q. 2004. Two-step total gene synthesis method. *Nucleic Acids Res.* 32: e59.

Tian, H., Cao, L., Tan, Y., Williams, S., Chen, L., Matray, T., Chenna, A., Moore, S., Hernandez, V., Xiao, V., Tang, M., Singh, S. 2004. Multiplex mRNA assay using electrophoretic tags for high-throughput gene expression analysis. *Nucleic Acids Res.* 32: e126.

Carr, P.A., Park, J.S., Lee, Y.J., Yu, T., Zhang, S., Jacobson, J.M. 2004. Protein-Mediated Error Correction for de Novo DNA Synthesis. *Nucleic Acids Res.* 32: el62.

Binkowski, B.F., Richmond, K.E., Kaysen, J., Sussman, M.R.,

Belshaw, P.J. 2005. Correcting errors in synthetic DNA through consensus shuffling. *Nucleic Acids Res.* 33: e55.

Kodumal, S.J., Patel, K.G., Reid, R., Menzella, H.G., Welch, M., Santi, D.V. 2004. Total synthesis of long DNA sequences: synthesis of a contiguous 32-kb polyketide synthase gene cluster. *Proc. Natl. Acad. Sci. USA* 101: 15573-15578.

Kong, A., Simera, I., Collingwood, M., Williams, C., Kitchener, H. 2007. Adjuvant radiotherapy for stage I endometrial cancer: systematic review and meta-analysis. *Ann. Oncol.* 19 [Epub ahead of print]

Agarwal, K.L., Büchi, H., Caruthers, M.H., Gupta, N., Khorana, H.G., Kleppe, K., Kumar, A., Ohtsuka, E., Rajbhandary, U.L., Van de Sande, J.H., Sgaramella, V., Weber, H., and Yamada, T. 1970. Total synthesis of the gene for an alanine transfer ribonucleic acid from yeast. *Nature* 227: 27-34.

Itakura, K., Hirose, T., Crea, R., Riggs, A.D., Heyneker, H.L., Bolivar, F., and Boyer, H.W. 1977. Expression in *Escherichia coli* of a chemically synthesized gene for the hormone somatostatin. *Science* 1984: 1056-1063.

Edge, M.D., Green, A.R., Heathcliffe, G.R., Meacock, P.A., Schuch, W., Scanlon, D.B., Atkinson, T.C., Newton, C.R., and Markham, A.F. 1981. Total synthesis of a human leukocyte interferon gene. *Nature* 292: 756-762.

Mandecki, W., Hayden, M.A., Shallcross, M.A., and Stotland, E. 1990. A totally synthetic plasmid for general cloning, gene expression and mutagenesis in *Escherichia coli*. *Gene* 94: 103-107.

Stemmer, W.P., Crameri, A., Ha, K.D., Brennan, T.M., and Heyneker, H.L. 1995. Single-step assembly of a gene and entire plasmid from large numbers of oligodeoxyribonucleotides. *Gene* 164: 49-53.

De Jesus, N., Franco, D., Paul, A., Wimmer, E., and

Cello, J. 2002. Mutation of a single conserved nucleotide between the cloverleaf and internal ribosome entry site attenuates poliovirus neurovirulence. *J. Virol.* 79: 14235-14243.

Smith, H.O., Hutchison, C.A., Pfannkoch, C., and Venter, J.C. 2003. Generating a synthetic genome by whole genome assembly: phiX174 bacteriophage from synthetic oligonucleotides. *Proc. Natl. Acad. Sci. USA* 100: 15440-15445.

Kodumal, S.J., Patel, K.G., Reid, R., Menzella, H.G., Welch, M., and Santi, D.V. 2004. Total synthesis of long DNA sequences: synthesis of a contiguous 32-kb polyketide synthase gene cluster. *Proc. Natl. Acad. Sci. USA* 101: 15573-15578.

Carr, P.A., Park, J.S., Lee, Y.J., Yu, T., Zhang, S., and Jacobson, J.M. 2004. Protein-mediated error correction for de novo DNA synthesis. *Nucleic Acids Res.* 32: e162.

Tian, J., Gong, H., Sheng, N., Zhou, X., Gulari, E., Gao, X., and Church, G. 2004. Accurate multiplex gene synthesis from programmable DNA microchips. *Nature* 432: 1050-1054.

9장 시스템 설계 및 제작 기술

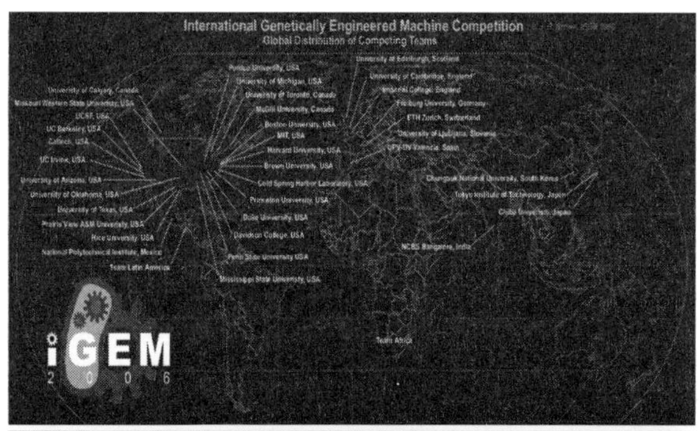

2006년 11월 4일에 개최된 iGEM (International Genetically Engineered Machine) 경연대회는 첫 대회와 비교하여 5배 이상의 학교가 참가하였다.

9장 시스템 설계 및 제작 기술

> **학습목표**
> 앞서 공부한 합성유전자 및 조립된 합성 유전체의 실질적인 기능을 실현 가능하게 하는 시스템 설계 및 제작 기술에 대하여 알아보자.

9.1 변환장치

6장에서 다룬 시스템 설계 및 구현의 기본 원리를 바탕으로 세포 합성에 필요한 여러 가지 기본 장치들의 제작 과정을 살펴보자. 이중 세포내 회로(intracellular circuit)로서의 변환장치는 매우 중요한 위치를 차지하고 있다. 생체 내에서 디지털 회로를 만들어내기 위해서는 우선 들어오는 신호를 세포가 반응하여 생산해 내는 특정 단백질의 양으로 표현하게 된다. 이때 생산된 단백질의 양을 계산하기 위해서는 단백질이 만들어지는 양과 파괴되는 양을 함께 고려해야 한다. 이러한 계산을 할 때에 기본적인 요소가 되는 것이 바로 변환장치이다. 논리 게이트(logic gate)에서 변환장치는 NOT-게이트에 해당 되고 이 NOT-게이트는 입력이 거짓(0)이면 출력은 참(1), 입력이 참(1)이면 출력은 거짓(0)으로 나타난다. 이 변환장치를 표시할 때에 버블은 입력이든 출력이든 값이 반대로 바뀐다는 것을 의미하고 있다. 이러한 변환장치는 NOT-게이트 외에도 많은 논리 게이트들을 만들어 볼 수 있는데 이는 디지털 논리 회로를 다른 것과 합하여 만든 것으로 불린 논리(Boolean logic)라 한다. 불린 논리를 계산하는 논리 연산자의 역할을 하는 논리 게이트에는 여러 가지가 있다. 논리 게이트에서 NOT-게이트는 입력이 1이면 출력은 0, 입력이 0이면 출력은 1인 일대일의 관계였지만 그 외에 다른 것들은 2개 이상의 입력이 있고 출력은 하나의 논리 값을 내게 된다. 예예를 들어서 AND 게이트는 2개의 입력이 있는데 0, 0(둘 다 거짓)이면 출력도 0(거짓)이 되고 0, 1 또는 1, 0(둘 중 하나만 참)이면 출력은 0(거짓)이 된다. 1, 1 (둘 다 참)일 때에만 출력은 1(참)이 되는 것 이다. 이것이 AND 게이트의 논리 연산 방식이다. OR 게이트는 둘 중 하나만 참이면 된다. 즉, 입력이 0, 0(둘 다 거짓)이면 출력은 0(거짓)이 되고 입력이 1, 0이나 0, 1 또는 1, 1이면 출력은 1(참)이 되는 것이 OR 게이트다. NAND 게이트는 입력이 0, 0이나 0, 1 또는 1 ,0이면 출력은 1(참)이 되면 입력이 1 ,1(둘 다 참)이면 출력은 0(거짓)으로 나온다. 이는 AND 게이트를 반대로 한 것이다. 두 개의 입력이 있고 하나의 출력이 있는데 버블이 없으면 AND 게이트가 되고 버블이 있으면 NAND 게이트가 되는 것이다(표 9.1).

표 9.1 논리 게이트

AND 게이트 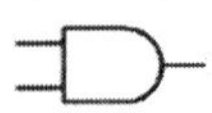			OR 게이트 			NAND게이트 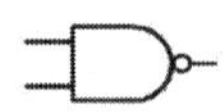			NOT 게이트 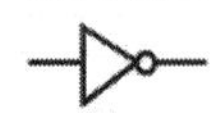	
INPUT1	INPUT2	OUTPUT	INPUT1	INPUT2	OUTPUT	INPUT1	INPUT2	OUTPUT	INPUT	OUTPUT
0	0	0	0	0	0	0	0	1	1	0
0	1	0	0	1	1	0	1	1	0	1
1	0	0	1	0	1	1	0	1		
1	1	1	1	1	1	1	1	0		

이런 NAND 게이트와 변환장치가 결합되어져 있는 디지털 논리 회로를 어떻게 바이오 시스템으로써 만들어 낼 것인지 알아보자. 그림 9.1의 디지털 논리 회로를 보게 되면 NAND게이트와 NOT게이트로 이루어진 것을 볼 수 있다. 최종적으로 D를 만드는 것을 목표로 두고 시작을 한다. D가 만들어지게 하려면 C가 만들어지지 않게 해야하며 그러려면 A, B 두 신호의 억제자가 둘 다 들어와 gene과 결합하면 C는 만들어지지 않게 된다. 만들어지지 않은C는 NOT게이트를 통해 최종적인 D를 만들어 내게 되고 변환장치를 모두 거친 D는 0, 0, 0, 1이 만들어지는 것을 알 수 있다. 즉, A와 B가 둘 다 참이면 D가 만들어지지만, A, B가 하나라도 거짓이면 D는 만들어지지 않는다는 것을 알 수 있다(그림 9.1).

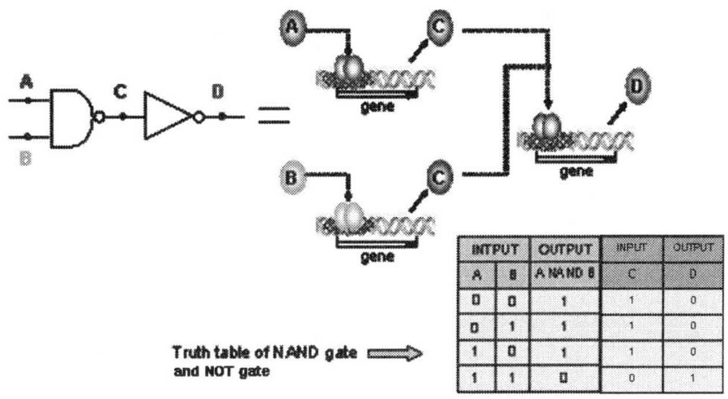

그림 9.1
디지털 논리 회로
(Drubin *et al.*, 2007)

이런 논리게이트를 가지고 세포내에 논리회로를 만들어보면 억제자(repressor)가 없을 경우 RNA 중합효소(RNA polymerase)는 프로모터(promoter)와 결합 하여 출력 단백질을 생산해낸다. 이에 반해 억제자가 있을 경우 RNA 중합효소(RNA polymerase)가 프로모터(promoter)와 결합하지 못하여 전사를 할 수 없고 출력 단백질을 생산할 수 없다. 그래서 입력이 없으면 즉, 거짓(0)이면 출력은 참(1)이다. 입력 참(1)이면 출력은 거짓(0)의 값을 갖게 된다(그림 9.2).

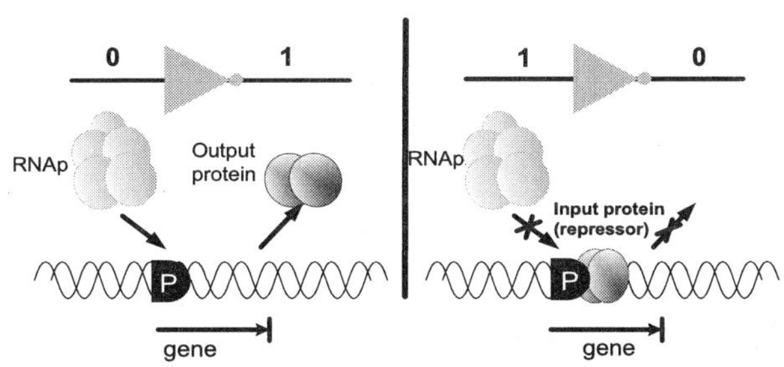

그림 9.2
세포내회로(Drubin *et al.*, 2007)

이러한 변환장치를 LacI→TetR 변환장치에서 다시 한 번 살펴보자. Lac 억제자(Lac repressor)가 P*lac*(*lac* promoter, *lac*을 촉진하는 물질)와 Op(operator, 작동 유전자)에 결합해서 Tet 억제자(tetracyclinerepressor)를 생산을 억제하고 Lac 억제자가 P*lac*와 Op에 들어오지 않고 발현이 된다면 Tet 억제자가 생산된다. 즉, Lac 억제자가 늘어남에 따라 Tet 억제자의 양은 줄어들게 된다. 결과적으로 Lac 억제자 입력이 0이면 출력은 1이 되고 입력이 1이면 출력은 0이 되며 이것을 LacI→TetR 변환장치라고 한다(그림9.3).

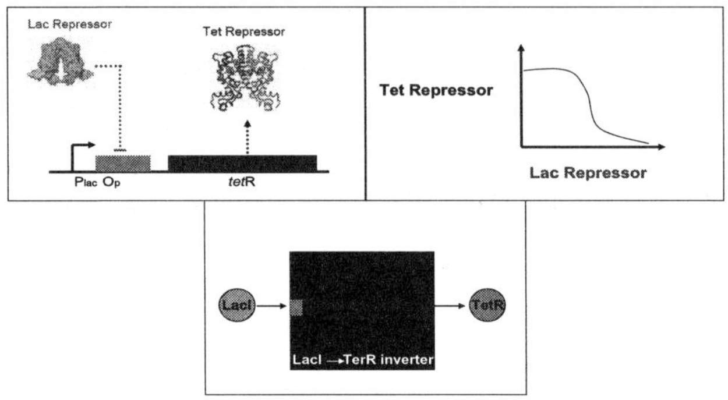

그림 9.3
LacI→TetR 변환장치

9.2 토글스위치(toggle switches)

스위치는 전기 스위치에서 보는 것처럼 어떤 한 상태에서는 켜지고 다른 상태에서는 꺼지게 된다. 스위치에는 2개의 가능한 상태가 있는데(on, off) 그 중에 한 가지 상태만을 유지할 수 있다. 특별한 유도자라든가 자극에 의해서 이 두 상태가 전환될 수 있는 장치를 토글(toggle) 스위치라고 한다. 이런 토글스위치가 어떻게 만들어지는지 알아보자. 하나의 억제자 A는 다른 억제자 B의 생산을 억제하고 억제자 B는 역으로 억제자 A의 생산을 억제하는 회로도를 만들어 보자. 이를 위해서 억제자 A 유전자는 억제자 B에 의해서 억제를 받는 프로모터 B에 의해서 전사되도록 해야 하며 억제자 B 유전자는 억제자 A에 의해서 억제를 받는 프로모터 A에 의해서 전사되도록 해야 한다. 이 토글스위치가 제대로 작동하는지를 알아보기 위한 리포터유전자(reporter gene)로 녹색형광단백질(GFP)을 프로모터 A와 억제자 B 유전자 아래쪽에 붙여 놓는다. 이러한 스위치는 외부의 어떤 자극 즉, 유도자를 사용하여 켰다 껐다(on off) 할 수 있다. 예를 들어서 스위치에 억제자 A를 억제하는 입력 유도자 A를 주게 되면 억제자

A가 프로모터 A를 억제하지 못하기 때문에 프로모터 A에 의해서 억제자 B가 만들어지고 또한 GFP도 발현되게 된다. 만들어진 억제자 B는 프로모터 B를 억제하기 때문에 억제자 A를 만들지 않게 된다. 따라서 입력 A라는 신호가 들어오게 되면 지속적으로 GFP가 발현된다. 즉 GFP의 on 상태가 유지되는 것이다. 그러다가 스위치를 바꾸기 위해서 입력 B를 주게 되면 B 유도자에 의해 억제자 B가 억제당하고 프로모터 B에서 전사가 일어나 억제자 A가 만들어지게 된다. 억제자 A가 만들어지면 프로모터 A를 억제하게 되어 억제자 B가 만들어지지 않게 되고 더불어서 GFP도 만들어지지 않게 된다. 이러한 off 상태는 다른 입력 A 신호가 들어오기 전까지 계속 유지될 것이다. 이처럼 입력 A가 들어오면 on, 입력 B가 들어오면 off가 된다. 즉, 두 버튼 중 한 버튼을 누르면 불이 켜지고 또 다른 한 버튼을 누르면 불이 꺼지듯이 토글스위치 역할을 할 수 있는 장치가 완성된 것이다(그림 9.4).

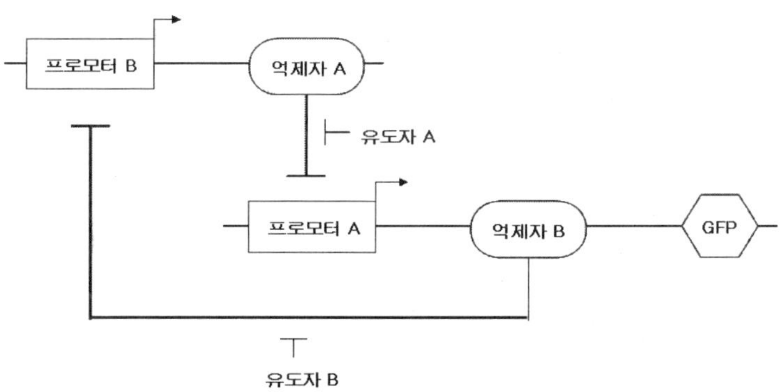

그림 9.4
토글스위치(Drubin *et al.*, 2007)

9.3 진동기(oscillator)

진동기(oscillator)는 어떤 신호의 규칙적인 진동 (파동)을 생산하는 것으로 여러 종류가 있지만 링 진동기에 대하여만 살펴보도록 하자. 링 진동기는 '억제자(repressilator)'로 불리기도 한다. 토글스위치의 경우에는 두 개의 억제자가 서로 물고 물리는 형상을 보였지만 이번에는 3개의 억제자가 서로 물고 물리는 형상을 보이고 있다. TetR은 λcI를 억제하고 λcI은 LacI를 억제하고 LacI는 TetR을 억제하고 있다. 이렇게 하기 위해서 TetR 유전자는 LacI에 의해서 조절을 받는 Lac 작동자(Lac operator) 부분을 가지고 있는 프로모터여야 하고 LacI는 λcI에 의해서 조절을 받는 λO_R 작동자를 가지고 있는 프로모터(λP_R)여야 하며 λcI은 TetR에 의해서 제어를 받아야 하므로 TetR에 의해서 조절을 받는 Tet 작동자를 가지고 있는 프로모터에 의해서 만들어지도록 장치 설계를 하고 이 플라스미드가 유지될 수 있도록 선택 표시자(selective marker)와 링 진동기의 작용을 관찰할 수 있도록 보고자(reporter)역할로 GFP를 사용하였다. 이 GFP는 TetR에 의해서 억제를 받을 수 있도록 Ptet 지배 하에도 없고 이 두 플라스미드가 한 세포내에 있어야 하므로 억제 진동기와 보고 플라스미드를 서로 양립할 수 있게(compatible -한 세포내에 서로 존재할 수 있는)하고 선별 표시자도 서로 구별이 되는 암피실린, 카나마이신 내성유전자를 사용하였다. 이 진동기가 어떤 작용을 하는지 알아보자.

TetR 억제자가 현재 높은 상태일 경우 GFP를 억제하므로 GFP는 off가 된다. TetR이 있으므로 λcI을 억제하게 되고 λcI을 억제하니까 LacI가 만들어지게 되며 LacI가 만들어지므로 TetR을 억제시킨다. TetR이 만들어지지 않으므로 인해 GFP가 on 상태가 된다. TetR이 줄어들었으므로 λcI이 만들어지게 되고 λcI이 만들어지므로 LacI가 억제되고 LacI가 억제되므로 TetR이 다시 만들어지게 되고 그럼 다시 off가 된다. 그래서 보고자의 발현이 on과 off의 파동을 그리게 된다. 이것이 바로 억제 또는 링 진동기로서 진동자 또는 진동기의 역할을 하고 있는 회로이다(그림 9.5).

9.4 펄스 발생기

세포와 세포 사이의 신호 대화를 할 수 있는 것을 알아보자. 세포와 세포 사이의 대화를 하기 위해서는 어떤 신호 물질(inducer)을 보내

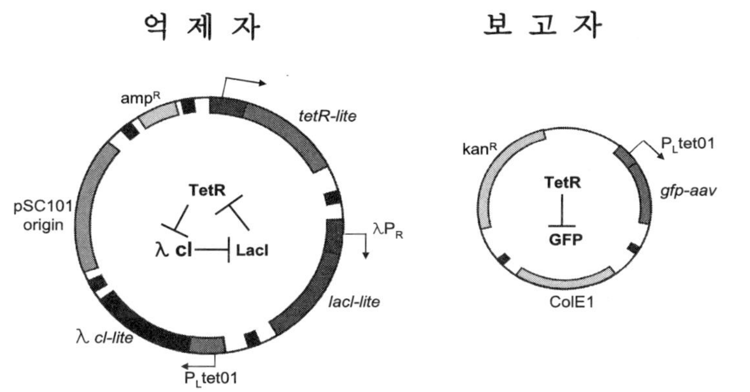

그림 9.5 진동기(Drubin *et al.*, 2007)

줘야 한다. 1 번 세포에서 유도자를 만들고 이것을 세포 밖으로 내보내야 하고 세포 밖으로 나간 유도자는 확산이 되어 다른 세포로 들어가게 된다. 들어간 다음에는 어떤 조절 단백질과 작용을 해서 이 세포의 변화를 초래하는 것이 세포와 세포 사이의 의사소통 즉, 대화 방법인 통신인 것이다(그림 9.6).

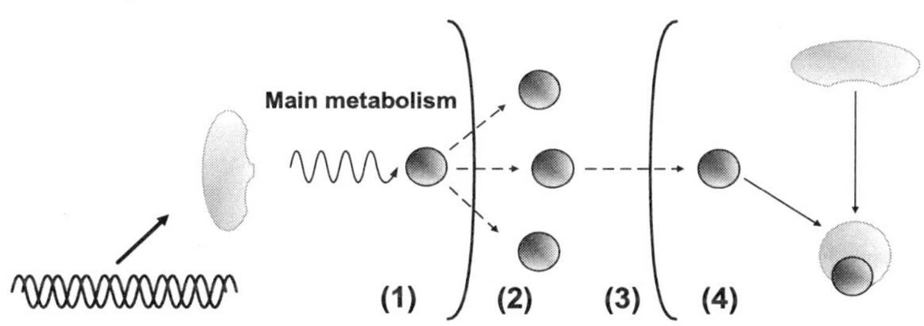

그림 9.6 정족수 인식(Drubin *et al.*, 2007)

이런 방법의 대표적인 현상 중 하나가 정족수 인식(quorum sensing)이다. 이는 세포 또는 세균이 살고 있는 부분의 집단 크기가 얼마나 되는지에 따라서 유전자 발현의 변화가 일어나게 되는 것인데 Vibrio fischeri라는 세균에 있어서는 개체군의 크기 즉, 밀도에 따라서 발광을 하게 된다. 이 과정은 *lux* 시스템에 의해서 일어나는데 이 *lux* 시스템에서 *lux*R은 활성자 단백질의 역할(조절단백질)하며, *lux*I는 신호 물질을 내는 효소 유전자를 하고 있고 *lux*CDABEG는 빛을 내게 하는 구성 유전자이다. *lux*R에서 만들어진 활성자는 자기 스스로 오페론(operon, 단백질의 제조를 제어하는 유전자의 한 단위)들을 활성화 시킬 수 있는 능력은 없다. 이것은 반드시 신호물질에 의해서 활성화 된다(그림 9.7).

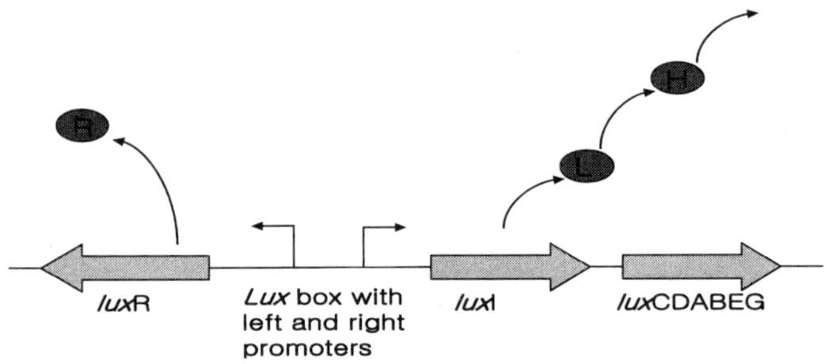

그림 9.7
정족수 인식(Drubin *et al.*, 2007)

이 신호물질이 바로 호모세린 락톤(homoserine lactone)으로써 N-아세틸 호모세린 락톤(N-acyl homoserine lactone) 계열의 화합물이다. 이 화합물을 AHL라고 하는데 이 AHL 물질은 많은 정족수 인식 세균에 있어서 각종 특이적인 구조로 되어져 있다. 그 중 *Vibrio fischeri*에 나타나는 AHL이 바로 OHHL(N-(3-oxohexanoyl)homoserine lactone)이라는 물질로 집단의 밀도를 측정할 수 있다(그림 9.8).

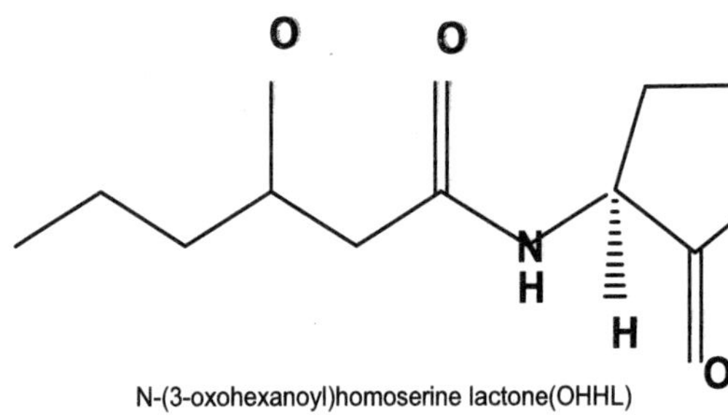

그림 9.8
N-아실 호모세린 락톤(Drubin *et al.*, 2007)

이 *lux*R 혼자서는 활성자의 역할을 하지 못하는데 LacI의 신호물질인 호모세린 락톤을 만들어내면 AHL 물질이 *lux*R와 결합을 한다. 이 결합된 것은 프로모터로부터의 전사를 활성화 시켜 결과적으로 빛을 내는 단백질인 루시퍼라제(luciferase)를 만들어내는 것이다. 자기가 자기 스스로를 유도 한다고 해서 자가 유도이라는 용어로도 사용되는 시스템이다(그림 9.9). 이런 정족수 인식기작을 이용하여 세포와 세포 사이의 통신 네트워크를 만들어 볼 수 있다. 먼저 세균에 있어서의

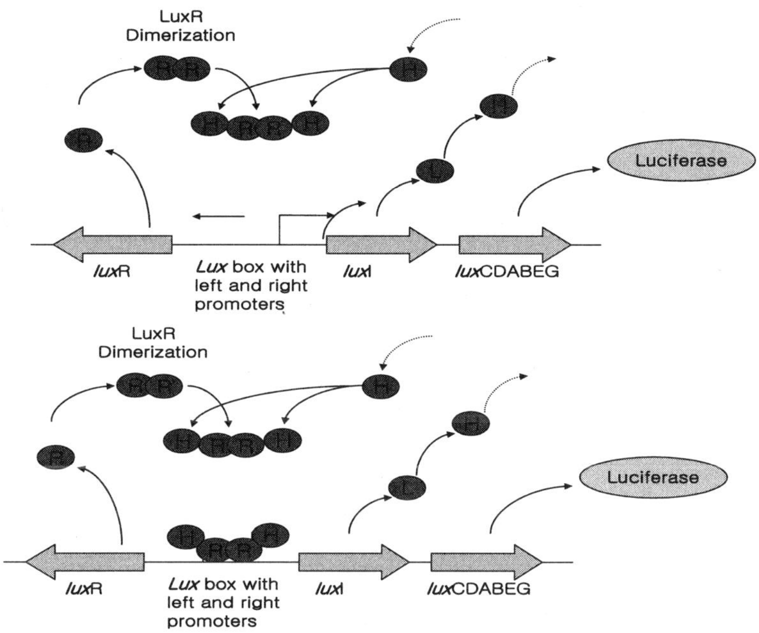

그림 9.9 The Lux 시스템(Drubin *et al.*, 2007)

펄스 발생기(pulse generator)에 대하여 알아보자. 진동 발생기는 어떤 신호가 왔을 때 신호에 따라서 반응을 나타냈다가 시간이 지나면 그 반응이 없어지는 형태이다. 신호를 보내는 송신기가 있고 신호를 받는 수신기가 있는데 송신기와 수신기의 시스템을 보면 송신기는 어떤 유도자 물질에 의해서 신호 물질을 만들어내야 한다. 이 신호물질은 바깥으로 나가서 수신기 안으로 들어가게 되는데 이 수신기 안으로 들어가서 어떤 작동을 해야 하는데 이 수신기가 진동 발생기 회로를 갖도록 하기 위한 시스템이다. 우선 유도자가 송신 세포 안으로 들어오면 이를 신호 생산자로 만든다. 수신세포에는 신호를 받아들일 수 있는 신호 수용체가 있어야 하는데 이 신호수용체는 GFP에 먼저 작용을 하고, 좀 뒤늦게 억제물질에게도 작용을 하게 되어 있으며 이 억제자는 GFP를 억제하도록 되어져 있다. 그래서 이 신호가 없을 때에는 억제자가 억제를 못하고 또한 GFP도 발현되지 못하고 있다. 이 신호생산자가 들어오게 되면 신호에 의해서 GFP가 만들어지게 되면 억제자가 만들어지게 된다. GFP가 먼저 발현이 되고 억제자는 서서히 만들어지게 된다. 그래서 시간이 지나면 억제자의 양이 많아짐에 따라 GFP가 만들어지지 않는 즉, 시간에 따라서 진동반응이 나타났다가 사그라지는 펄스 발생기 회로를 만들 수 있다(그림 9.10).

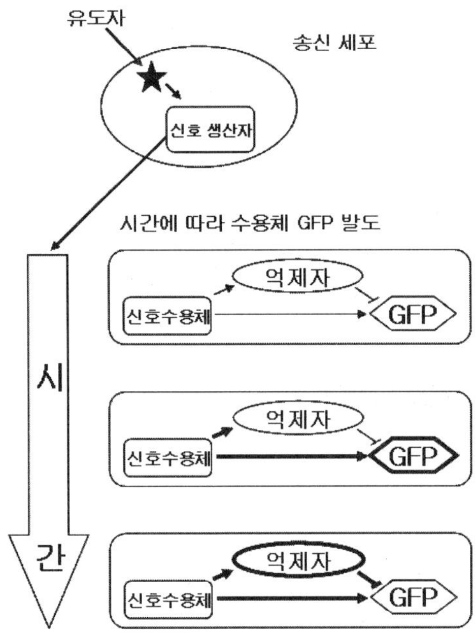

그림 9.10
세포와 세포 사이의 통신 네트워크 일종인 펄스 발생기 (Drubin *et al.*, 2007)

9.5 대역 감지기

대역 감지기는 어떤 신호의 크기가 적절할 때 반응이 나타나는 것으로 송신기의 구조는 펄스 발생기와 같지만 수신기의 경우에는 약간의 차이가 있다. 이는 신호 수용체가 억제자 A와 억제자 B에 영향을 주게 되는데, B는 다시 억제자 A에 영향을 주게 되어 억제자 A가 GFP를 억제하게 된다. 즉, 억제자 B가 다시 억제자 A를 억제하는 것이 차이이다. 먼저 신호가 약할 때에는 억제자 B도 만들어지지 않고 억제자 A도 만들어지지 않는다. 억제자 B가 만들어지지 않기 때문에 억제자 A가 만들어지게 되고 억제자 A에 의해 GFP가 발현되지 않는다. 이 신호의 크기가 점점 커지면 신호 수신기에 의해서 신호에 전달되어 억제자 A 및 억제자 B가 만들어진다. 이때 억제자 B가 억제자 A를 억제하기 때문에 억제자 A의 양이 상대적으로 적어지기 때문에 GFP가 발현하여 나타나게 된다. 그러다가 신호가 아주 커지게 되면 억제자 B뿐만 아니라 억제자 A도 많이 만들어지게 된다. 억제자 B가 억제자 A를 억제를 해도 이미 신호에 의해서 억제자 A가 많이 만들어졌기 때문에 GFP는 발현되지 않는다. 즉, 세포에서 만들어지는 신호의 크기가 적절한 범위의 주파수에 들어갈 때에만 신호가 나타는 것이 대역 감지기라고 한다. 세포-세포 네트워크에서는 신호수용체가 어떠한 신호 세기를 받아 신호를 나타내는지를 찾아내는 것이 관건이라고 할 수 있다(그림 9.11).

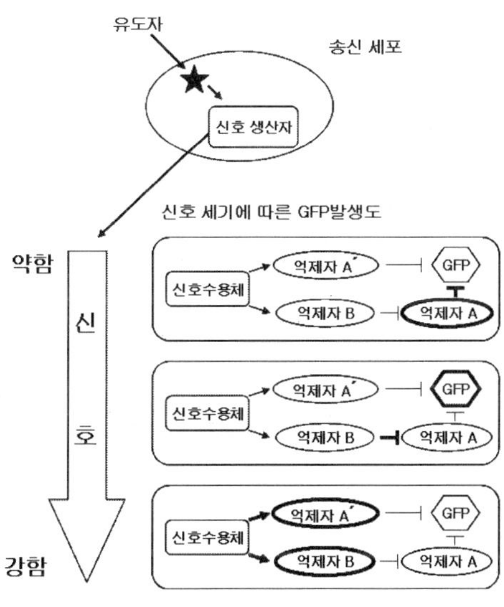

그림 9.11 계속 세포와 세포 사이의 통신 네트워크 일종인 대역 감지기 (Drubin *et al*., 2007)

9.6 세균 카메라

다음은 마지막으로 신호전이 네트워크(signal transduction network)에 대하여 살펴보도록 한다(그림 9.12). 하나의 예로 인공적으로 만든 센서-인산화효소 시스템을 이용하여 원래 없던 대장균에 빛을 감지하는 시스템을 만들어서 소위 세균 카메라(bacterial camera)의 설계에 대해서 살펴보도록 하자. 세균 카메라는 빛이 있을 땐 하얗게 되고 빛이 없을 땐 까맣게 되는 시스템을 만드는 것이다. 대장균에는 빛을 감지하는 피토크롬(phytochrome ; 식물에서 빛을 감지하는 광수용체)이 없기 때문에 사용하였다. 피토크롬이 빛을 사용하면서 세포 안에다 빛의 신호를 전달해 주기 위해 세포 안에다 EnvZ 히스티딘 인산화효소를 사용을 하여 EnvZ 히스티딘 인산화효소와 피토크롬을 융합하여 융합 빛 수용체 즉, 광센서를 만들었다. 이 광센서는 빛이 없을 때에는 히스티딘 인산화효소가 OmpR 전사인자를 인산화 시켜서 OmpC 프로모터에 결합하여 LacZ(자당을 분해하는 beta-galactosidase)를 만들도록 해준다.

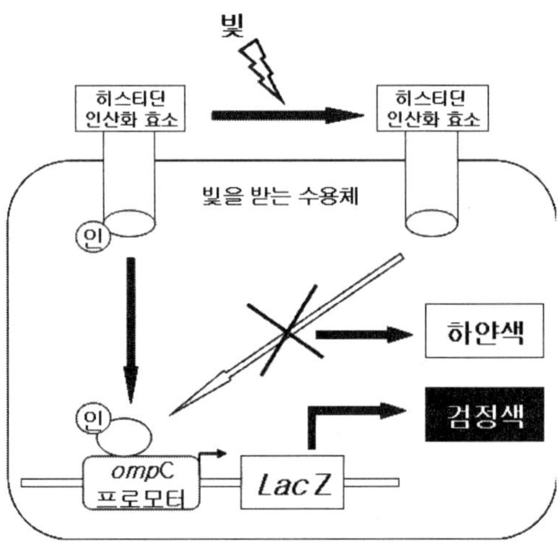

그림 9.12
신호 전이
(Drubin *et al.*, 2007)

우선 S-gal라는 물질을 넣어 배지를 만든다. 이 S-gal은 원래 하얀색이지만 베타-갈락토시데이즈(beta-galactosidase)에 의해서 검정색으로 변하게 된다. 즉, 빛이 없을 때에는 안에 있던 히스티딘 인산화효소가 OmpR을 인산화시켜 OmpC 프로모터를 활성화하여 LacZ가 만들어지게 된다. 이 LacZ는 S-gal을 분해하여 검정색으로 변하게 해준다. 빛이 있을 때에는 광센서가 빛을 받아 인산화효소의 작용을 하지 못하게 한다. 즉, 탈 인산화 시키게 되어 프로모터를 활성화시키지 못한다. 결과적으로 LacZ가 만들어지지 않기 때문에 흰 색 그대로인 것이다. 즉, 검정색인 곳에 빛을 줘서 하얗게 감광시킬 수 있는 세균 카메라가 탄생하게 되는 것이다.

학습정리

1. 섀시 제작 기술은 시스템 구현을 위해 필요하다.
2. 시스템 설계를 위해서는 생명 현상에 대한 지식과 함께 통찰력이 필요하다.
3. 시스템 설계를 위해서는 전산 및 정보학적 지식이 요구된다.

참고문헌

9.2 토글스위치

Gardner, T.S., Cantor, C.R., and Collins J.J. 2000. Construction of a genetic toggle switch in *Escherichia coli. Nature* 403: 339-342.

Drubin, D.A., Way, J.C., and Silver, P.A. 2007. Designing biological systems. *Genes Dev.* 21: 242-254.

9.3 진동기

Elowitz, M.B., and Leibler, S.A. 2000. Synthetic oscillatory network of transcriptional regulators. *Nature* 403: 335-338.

Basu, D., El-Assal, Sel-D., Le, J., Mallery, E.L., and Szymanski, D.B. 2004. Interchangeable functions of Arabidopsis PIROGI and the human WAVE complex subunit SRA1 during leaf epidermal development.

Development 131: 4345-4355.

9.4 펄스 발생기

Drubin, D.A., Way, J.C., and Silver, P.A. 2007. Designing biological systems. *Genes Dev.* 21: 242-254.

9.5 대역 감지기

Drubin, D.A., Way, J.C., and Silver, P.A. 2007. Designing biological systems. *Genes Dev.* 21: 242-254.

9.6 세균 카메라

Drubin, D.A., Way, J.C., and Silver, P.A. 2007. Designing biological systems. *Genes Dev.* 21: 242-254.

9.7 요 약

Basu, D., Le, J., El-Essal, Sel-D., Huang, S., Zhang, C., Mallery, E.L., Koliantz, G., Staiger, C.J., and Szymanski, D.B. 2005. DISTORTED3/SCAR2 is a putative Arabidopsis WAVE complex subunit that activates the ARP2/3 complex and is required for epidermal cell Morphogenesis. *Plant cell* 17: 502-524.

10장 유전체 조작

10.1 유전공학, 유전체공학 그리고 합성유전체학

10.2 유전체 조작 기술

2007년 1월 11일 영국에서 개최된 BioSysBio 2007은 시스템생물학, 생명정보학과 함께 합성생물학 분야를 다루어 이들 세 학문 영역의 유기적 관계를 부각시켰다.

10장 유전체 조작

> **학습목표**
> 유전자 조작을 바탕으로 하는 유전공학과, 유전체조작을 근본으로 하는 유전체공학의 개념을 비교하여 본 다음 조작 기술의 원리와 응용에 대하여 논의 하여보자.

10.1 유전공학, 유전체공학 그리고 합성유전체학

유전공학의 대상은 하나의 유전자 혹은 소수의 유전자에 맞추어져 있는 반면 유전체공학은 그 대상이 유전체로 맞추어져 있다. 이처럼 관심의 대상이 하나의 유전자에서 하나의 유전체로 변화되고 있지만 근본을 이루고 있는 실제 기술들은 유전공학에서 사용되는 재조합 DNA 기술(recombinant DNA technology)과 마찬가지로 유전체공학에서도 유전체 조작 기술이 근본을 이루고 있다. 그러나 유전체 조작 기술에는 상당한 제한과 한계가 있어 이를 극복하기 위해 합성유전체학(Synthetic Genomics)이라는 영역이 나타나게 되었다. 유전공학과 유전체공학과는 달리 합성유전체학의 근본은 DNA 합성에 있고, 기존의 DNA를 그대로 합성하는 것과 기존에 존재하지 않는 새로운 DNA를 설계한 후에 합성하는 것을 포함한 영역이다.

이렇듯 새로운 영역들이 생겨나는 이유는 기술이 발달함에 따라서 우리가 보고자하는 관점이 좀 더 폭넓어지게 되고 좀 더 신속한 결과를 얻길 원하기 때문이다. 이제 우리는 유전체 시대를 지나면서 많은 정보와 새로운 기술이 개발됨에 따라서 하나의 유전자가 아니라 유전체 전체를 조작함으로써 새로운 정보나 목적을 위해서 활용할 수 있는 시대이다. 예를 들어 예전의 유전공학 기술로 하나의 유전자를 이용하고자 할 때에 그 유전자를 포함하고 있는 유기체의 genomic DNA를 추출하고 이것을 제한효소로 절단한 후 벡터로 서로 이어준 다음 적절한 세포에 주입을 해서 들어간 세포들 중에서 우리가 원하는 유전자를 가진 clone을 골라내는 이런 일련의 작업을 하였다. 이러한 작업은 시간, 노력, 돈을 필요로 한다. 그러나 이제는 DNA 합성이 굉장히 신속해지고 저렴해졌기 때문에 유전공학적인 작업을 하지 않고 바로 유전자를 합성하여 얻을 수 있다. 따라서 이제는 거의 모든 유전자, 오페론의 확보 및 조작 과정이 유전공학적인 방식에서 합성법으로 바뀔 수밖에 없는 시대에 살고 있는 것이다.

10.2 유전체 조작 기술

유전체공학이 재조합 DNA 기술을 유전체 수준에서 적용, 조작함으로써 우리의 일상생활에 활요하는 영역이라고 한다면 합성유전체학을 유전체 수준에 적용하는, 즉 유전체를 설계와 합성을 통하여 만들어냄으로써 활용하는 영역이다. 현재 유전체공학에서 주로 이루어지고 있는 기술에는 대장균 유전체의 크기를 축소하는 기술(유전체의 큰 부분을 축소한다는 것은 그 큰 부분을 잘라서 없앤다는 것)과 축소한 부분을 없애는 것이 아니라 따로 세포내에서 복제, 유지, 증폭시키는 기술이 있다. 또한 한 세포내에 유전체 수준의 큰 DNA절펴늘 직접 대장균 유전체에 삽입하는 기술과, 절편이 아닌 온전한 유전체를 넣어서 유전체 융합(genome fusion)을 유도하는 기술이 포함된다. 이처럼 유전체에 어떤 조작을 직접적으로 가하는 영역을 유전체공학이라 하는데, 두 DNA의 두 지역에 있어서 재조합에 의한 결실, 증폭, 삽입, 재배열 등을 다루고 있다.

합성유전체학에서는 유전체공학으로써는 다루기 힘든 유전체의 변화 등을 합성법으로 쉽게 해결할 수 있다. 한 예로 대장균에서 현재 사용하는 유전암호의 일부를 새롭게 변환시켜 지금까지 사용하지 않던 새로운 아미노산으로 단백질을 만들어 내기 위하여 유전암호를 재설계하는 연구를 들 수 있다. 이것은 기존의 유전체공학적인 방법으로는 불가능하며, 오직 합성법으로만 해결 할 수 있는 일이다. 또한 현존하는 DNA 정보는 G,A,T,C라고 하는 4개의 염기로 저장이 되어져 있는데 좀 더 확장하여 새로운 염기를 도입하는 연구도 진행중이다. 이처럼 어떤 목적을 가지고 유전체 수준에서 설계하고 합성합으로써 가설이나 학설을 증명해보고 또 실질적인, 산업적인, 공학적인 분야에 활용하는 것이 합성유전체학이다.

10.2.1 Cre - *loxP*

대장균 염색체의 축소과정을 이해하기 위해서는 먼저 위치 특이적인 재조합 시스템에 대하여 공부해야 한다. 현재 많이 사용되고 있는 재조합 시스템은 박테리오파지 P1로부터 유래된 것으로 Cre 라고 하는 재조합효소가 *loxP* 라는 서열을 인식해서 재조합을 일으킨다. 이 *loxP*(lox protein)는 34 bp 크기로써 Cre 재조합효소가 결합하는 13 bp의 RBE site가 양옆에 있고, 그사이에 실제 절단과 교차가 일어나는 8 bp 영역이 있다(그림 10.1).

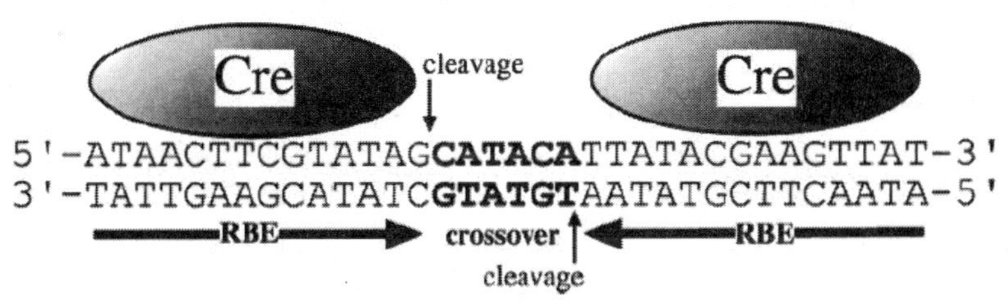

그림 10.1 Cre 인식 염기서열 부위

10.2.2 결실을 유도하는 전략

유전체상에서 큰 영역을 결실시키기 위해서는 제거시키고자 하는 영역의 양 말단에 Cre 재조합효소가 인식하는 *loxP* site를 같은 방향으로 위치하게끔 먼저 조작을 한다(그림 10.2). *loxP*가 같은 방향(direct repeat)으로 형태를 띠고 있을 때 다른 플라스미드에서 공급되는 Cre 단백질에 의해 재조합이 일어나게 되면서 두 개의 환형 DNA로 갈라지게 된다. 이때 제거부분이 포함된 DNA는 복제개시점이 없으므로 죽게 되고, 복제개시점을 가지고 있는 환형 DNA만 살아남게 된다.

그림 10.2 염색체에서 큰 영역의 DNA 결손법

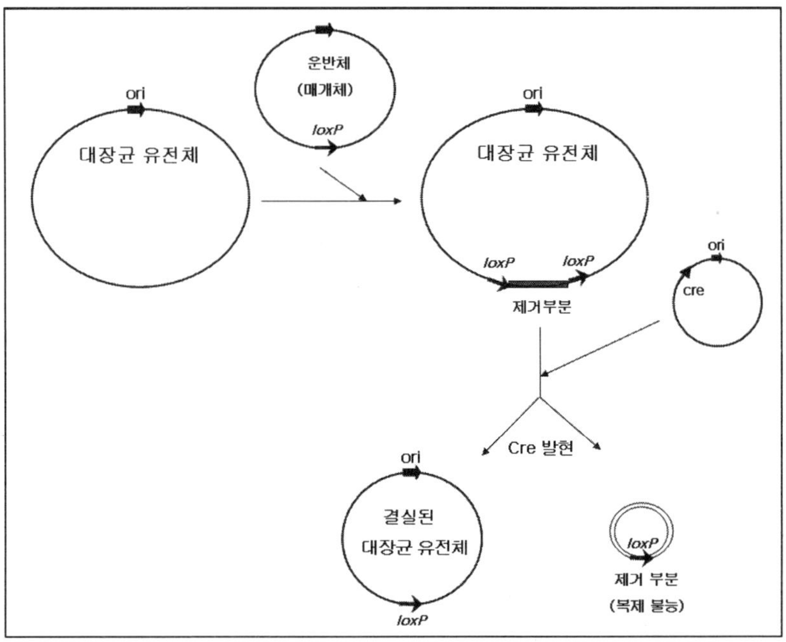

따라서 Cre와 *loxP*를 사용한다면 쉽게 원하는 영역을 제거시킬 수가 있는데 이것의 핵심은 이 *loxP* site를 제거하고자 하는 양 부분에 어떻게 효율적으로 넣어주느냐 하는데 있다. 그래서 많은 전략들이 개발되었는데 하나의 예를 들어보면 과기대의 김선창 교수팀이 2002년도 Nature Biotechnol.라는 저널에 발표한 내용을 들 수 있다(그림 10.3). 이 방법은 먼저 대장균 유전체상에 트랜스포존(transposon)을 이용하여 random하게 *loxP*를 전위시키는 것이다. 여기서 두 종류의 트랜스포존(transposon)이 이용되는데 하나는 가나마이신 내성유전자 (Km^R)와 GFP 유전자를 가지고 있는 것과 크로람페니콜 내성 유전자

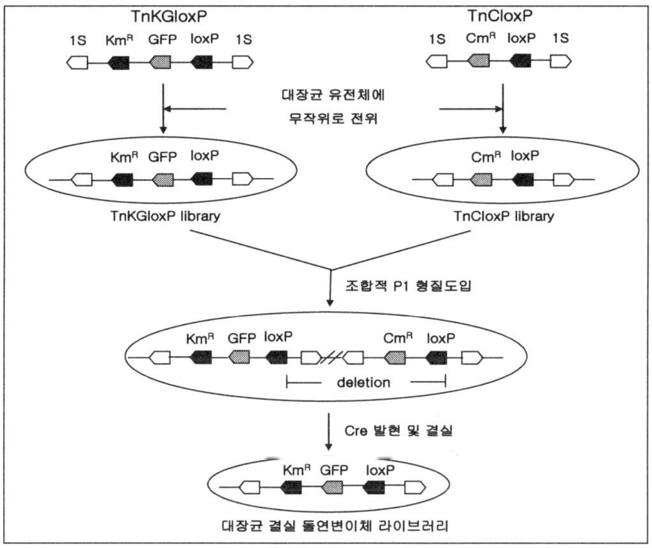

그림 10.3 염색체의 특정부분에 *loxP* 부위의 주입전략 (Yu *et al.*, 2002)

(Cm^R)를 가진 것으로 서로 구별이 되어져 있다. 물론 둘 다 *loxP* site를 가지고 있다. 첫 번째 트랜스포존이 *loxP*에 들어가면 random한 site에 들어가기 때문에 Km^{R}GFP*loxP*가 들어간 삽입 라이브러리(library)를 만들게 된다. 또 한쪽에서는 두 번째 트랜스포존인 *CmR/loxP* 가 random site에 들어간 삽입 라이브러리(library)를 만들게 된다. 다음에는 이 *loxP* site를 *E.coli* 유전체상의 두 군데에 위치하게 해야 하기 때문에 P1 파지를 이용한 형질도입을 이용해서 두 종류의 트랜스포존이 삽입된 영역이 한 *E.coli* 세포에 들어오도록 하는 것이다. 물론 이 전 과정에서 이 트랜스포존이 어떤 위치에 삽입되어져 있는지를 각 라이브러리를 구성하고 있는 돌연변이체들을 조사해서 우리가 원하는 위치에 *loxP*가 들어가 있는 것을 선택하게 된다. 결국 P1 형질도입을 이용해서 결과적으로는 대장균 염색체의 양쪽에 *loxP*가 위치하도록 하게 할 수 있다. 다음에는 Cre 재조합효소를 발현 시켜서 원하는 위치에 *loxP*가 들어가 있는 부분이 결실된 돌연변이체들을 얻어낼 수 있게 되는 것이다.

이런 결실이 다양한 형태로 일어난 라이브러리들을 만들어낸 다음에 A 부위가 결실된 세포와 B 부위가 결실된 세포로부터 A, B 부위가 모두 결실된 균주를 만들기 위해서 P1 형질도입을 이용한다(그림 10.4). 이어 C 부위가 결실된 세포를 공여세포로 하여 역시 P1 형질도입을 하게 되면 A, B, C 영역이 모두 결실된 즉, 많은 genomic DNA를 잃어버려 크기가 많이 축소된 균주를 얻어낼 수 있게 된다.

그림 10.4 결손된 균주간의 염색체 교환

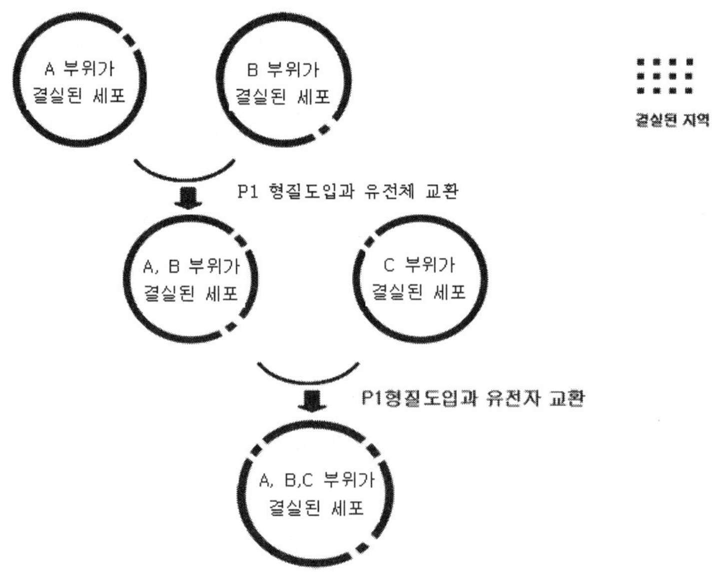

10.2.3 Lambda Red계를 이용한 결실법

이러한 방법들은 효율적이긴 하지만 P1 형질도입 전에 많은 균주들을 조작하는 과정이 포함되어 있어서 많은 시간이 필요하다. 그래서 좀 더 신속하게 할 수 있는 방법으로 Lambda Red 재조합효소를 사용한 것이 개발되었다. Lambda 박테리오파지의 Red 재조합 시스템은 3개의 단백질로 이루어져 있는데 이 단백질은 *exo* 유전자에서 암호화하고 있는 λ exonuclease, *bet* 유전자에 의해서 만들어지는 β 단백질, gamma 유전자에서 만들어지는 γ 단백질이다. λ exonuclease는 5'에서 3'으로 dsDNA를 파괴함으로써 단일 가닥 부분을 만들어내는 역할을 하고 β 단백질은 ssDNA에 결합을 하여 단일가닥끼리 서로 수소결합 하는 것을 도와주는 역할을 담당하고 있다. 그리고 γ 단백질은 대장균의 재조합에 관여하는 시스템으로 *RecBCD*의 exonuclease(대장균에 있는 효소의 일종) 활성을 억제하고 있다. 이 Lambda Red는 최소 약 40bp 정도의 상동성만 가지고 있다면 두 DNA를 재조합할 수 있다. 2000년에 Murph 박사가 대장균에 있는 *RecBCD* 부분을 없애고 대신에 Lambda Red 시스템을 넣어준 숙주에서는 Red에 의한 재조합이 굉장히 잘 일어나는 현상을 발견해냈고, 2004년도에는 Fukiya 박사가 *Cre, loxP* 에 의한 genomic DNA에 의한 결실이라는 것은 *loxP*를 얼마나 효율적으로 원하는 위치에 넣느냐하는 것이 관건이며 집어 넣어줄 때 굉장히 효율성이 높은 균주와 Red 시스템을 활용하겠다는 것을 재조합 시스템으로 하여 보여주고 있다(그림 10.5).

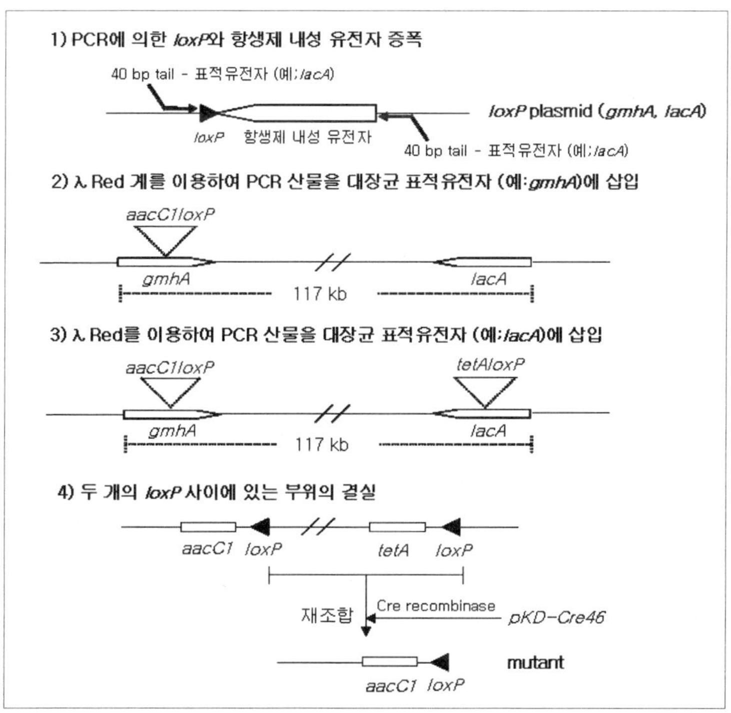

그림 10.5 λ 파지의 *red* 재조합 system (Murphy, 1998, Murphy *et al.*, 2000, Fukiya *et al.*, 2004)

10.2.4 문제점

유전체 수준의 재조합 기술들을 활용하여 유전체 크기를 줄이는 큰 목적 중의 하나는 최소유전체를 만드는 것이다. 세포가 살아가는데 필요로 하는 최소의 에너지만을 사용하여 어떤 특별한 목적을 위해서 세포영양이 집중될 수 있도록 하기 위함이다. 즉, 불필요한 유전체상의 각 영역들을 지속적으로 결실시켜서 최소유전체에 해당되는 것을 만들어 보고자하는 것이다. 이러한 기술들을 이용하여 대장균 유전체의 영역을 줄이는 연구를 하였지만 전체 약4000개 이상의 유전자 중 2006년도까지 743개의 유전자(15%의 유전자)를 줄이는데 성공했을 뿐이다.

2003년도에 Gerdes 박사가 대장균의 4,000여개 유전자 중 어떤 것이 필수 유전자인지 알아보기 위해서 유전자 하나하나를 변이시켜 조사해본 결과 620개가 필수 유전자이며 3,126개의 유전자는 돌연변이가 일어나도 살아갈 수 있다는 것을 보고하였지만 최소유전체를 구성하고 있는 유전자의 수가 더 적다고 보고 있기 때문에 대장균에 대한 체계적인 돌연변이 연구가 진행되어야 한다. 2004년도 보고된 발표에 의하면 대장균 K-12 MG1655 균주에 모든 유전자 ORF를 변이시켜 조사한 프로젝트에서 현재 약 2,000개 정도의 유전자에 대한 돌연변이체들을 확보를 했고 그 중에서 1,976개의 비필수유전자를 발견했다는 보고가 있었다. 하지만 아직도 반 정도만 진행된 것이기 때문에 최종 결과는 조금 더 지켜보아야 하지만 이런 개개의 돌연변이체에 대한 분석이 진정으로 최소유전체를 구성하고 있는 유전자 set를 밝혀줄 수 있느냐는 그 자체에도 약간의 문제와 한계를 가지고 있다. 다시 말해서 개개의 돌연변이에 의해서는 그것이 필수적인 것인지 비필수적인 것인지 판정되기 어려운 측면이 있다. 즉 어떤 돌연변이는 개개로서는 얻을 수 있지만 두 돌연변이와 같이 존재하면 살아남을 수 없고(mutually exclusive), 어떠한 돌연변이체는 개개로서는 얻어낼 수 없지만 동시에 일어나 있는 돌연변이체는 얻어낼 수 있는 경우(mutually inclusive)도 있으며 이 외에 많은 다양한 경우들이 있기 때문에 연속적인 결실(serial deletion)이라든가 혹은 개개의 유전자에 대한 체계적인(systematic) 돌연변이를 이용해도 명확한 결과를 얻는 데에는 한계가 있다. 그럼에도 불구하고 이러한 연구는 우리에게 많은 정보를 제공하게 될 것이다.

10.2.5 유전체 부위의 절단 및 증폭

이번 연구는 Cre, *loxP*에 의해서 결실된 부분을 없애는 것이 아니라 그 부분을 잘라내어 세포에서 증폭하여 활용하는 측면에 대해서 살펴본다. 효모의 2 마이크로미터 플라스미드(2μm plasmid)는 복제점

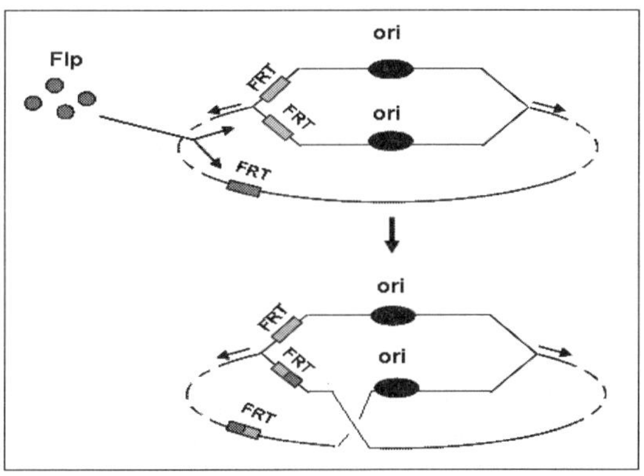

그림 10.6 효모의 2㎛ plasmid의 복제

(replication origin)을 기준으로 하여 양 방향으로 복제를 하게 된다. 2μm 플라스미드의 복제에는 Flp라고 하는 재조합효소가 중요한 역할을 하며 Flp(Flp recognition target ; Flp이 인식을 해서 재조합을 시켜주는 site)에 작용한다. 이 시스템은 앞서 배운 Cre, *loxP*시스템과 매우 유사한데 Flp은 Cre에 해당되고 FRT는 *loxP*에 해당된다(그림10.6). FRT의 구조도 *loxP*와 마찬가지로 13 bp의 역반복(inverted repeat) 서열이 2개 있고, 그 사이에 8 bp 정도의 core가 있는데, 이 부분에서 절단과 교차가 일어난다. 이런 Flp, FRT가 2μm 플라스미드 복제에 어떠한 역할을 하는지 알아보자. 위의 그림은 2μm 플라스미드의 origin에서부터 양방향으로 theta(세타, θ) 형태의 복제 모습을 보여주고

있다. origin과 가까운 곳에 FRT site 하나는 이미 복제가 되고 있으며 또 조금 떨어진 곳에서 FRT site가 있다 이 두 FRT site는 서로 방향이 반대이다. 아래 그림은 복제가 된 다음에 Flp에 의해서 재조합하게 되면 site가 정 방향으로 있을 때는 결실이 일어나지만 서로 반대 방향으로 있을 때는 역위(inversion)현상이 일어남을 보여주고 있다. 위의 그림의 경우에는 세타복제(theta replication)을 할 경우 복제갈림길(replication fork)이 충돌하게 되어 종결되지만 아래 그림의 경우에는 재조합으로 인해서 두 개의 fork가 서로 충돌하지 않고 같은 방향으로 진행을 하게 된다. 따라서 계속 진행을 할 수가 있기 때문에 많은 파지에서 일어나는 회전환복제(rolling-circle replication)와 유사한 형태가 된다. 다시 말해서 세타복제의 경우에는 genomic DNA 크기의 산물이 만들어지지만 회전환복제는 지속적으로 계속 복제를 하기 때문에 플라스미드의 유전체보다 몇 배의 크기를 갖는 멀티머(multimer)형태로서 DNA가 만들어지게 되고 따라서 많은 양의 DNA 복제가 이루어질 수 있다. 이 DNA 복제가 끝나게 되면 멀티머를 단위체(monomer)로 바꿔주는데 역시 Flp이 작용하는 재조합(Flp-mediated recombination)에 의해서 단위체(monomer)로 갈라지게 된다. 이처럼 이러한 FRT 시스템에 의해서 2μm 플라스미드는 많은 copy가 세포내에 존재할 수 있게 된다.

절단(excision)된 부분을 세포내에서 유지시키고 증폭하기 위해서 *loxP* site에 2μm 플라스미드의 origin과 복제에 관여하는 FRT site가 반대 방향을 유지하도록 하였다. *Cre* 시스템에 의해서 *loxP*가 정방향으로 되어있으면 *loxP* 사이의 조각은 떨어져 나오게 된다(그림 10.7). 떨어져 나온 유전체 조각은 2μm 플라스미드의 복제점(replication origin)을 가지고 있으며, FLP와 FRT site 또한 가지고 있어서 더 많은 copy가 한 세포내에 존재하게 된다. 그래서 이렇게 증폭된 DNA를 가지고 물리지도나 서열결정 혹은 유전자의 기능을 분석하는데 활용할 수 있다. 재조합에 기반을 둔 유전체 조작 기술의 한 예로 유전체 크기를 최소화하기 위하여 유전체의 상당 지역을 잘라 없앨 수도 있고, 절단한 부위를 증폭할 수도 있다. 이 외에도 유전체에 해당

되는 굉장히 큰 절편을 유전체 안에다가 삽입(insertion)하는 것도 가능하며 또 접합(conjugation)에 의해서 유전체 수준의 DNA가 서로 한 세포내에 존재하면서 유전체 융합 등의 변화를 조사할 수 있는 단계에 와있다.

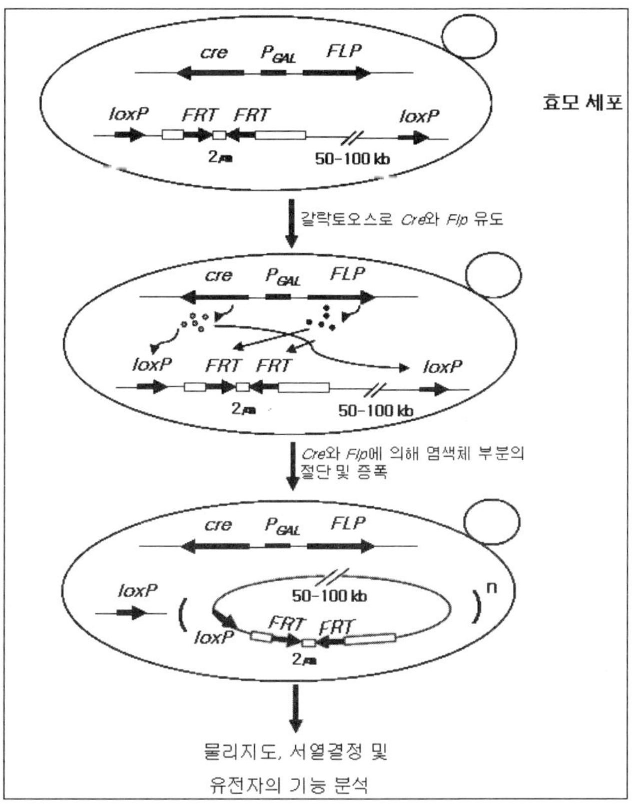

그림 10.7 염색체 부분의 절단과 증폭 (Szybalski, 1993, Yoon ot al., 1998)

학습정리

1. 유전공학은 유전체공학으로 발전되어 가고 있다.
2. 유전체조작 기술을 이용하여 top-down 방식으로 대장균 유전체를 축소하는 데는 한계가 있다.
3. 이는 합성유전체학을 활용하여 bottom-up 방식으로 전환해야 할 필요성이 있음을 보여준다.

참고문헌

10.2 유전체 조작 기술

Yu, B.J., Sung, B.H., Koob, M.D., Lee, C.H., Lee, J.H., Lee, W.S., Kim, M.S., and Kim, S.C. 2002. Minimization of the *Escherichia coli* genome using a Tn5-targeted Cre/*loxP* excision system. *Nature Biotechnol.* **20**: 1018-1023.

Murphy, K.C. 1998. Use of bacteriophage lambda recombination functions to promote gene replacement in *Escherichia coli*. *J. Bacteriol.* **180**: 2063-2071.

Murphy, K.C., Campellone, K.G., and Poteete, A.R. 2000. PCR-mediated gene replacement in *Escherichia coli*. *Gene* **246**: 321-330.

Satoru, Fukiya., Hiroshi, Mizoguchi., and Hideo, Mori. 2004. An improved method for deleting large regions of *Escherichia coli* K-12 chromosome using a combination of Cre/*loxP* and λ Red. *FEMS. Microbiol. Lett.* **234**: 325-331.

Pósfai, G., Plunkett, G., Fehér, T., Frisch, D., Keil, G.M., Umenhoffer, K., Kolisnychenko, V., Stahl, B., Sharma, S.S., de Arruda, M., Burland, V., Harcum, S.W., and Blattner, F.R. 2006. Emergent properties of reduced-genome *Escherichia coli*. *Science* **312**: 1044-1046.

Gerdes, S.Y., Scholle, M.D., Campbell, J.W., Balázsi, G.,

Ravasz, E., Daugherty, M.D., Somera, A.L., Kyrpides, N.C., Anderson, I., Gelfand, M.S., Bhattacharya, A., Kapatral, V., D'Souza, M., Baev, M.V., Grechkin, Y., Mseeh, F., Fonstein, M.Y., Overbeek, R., Barabási, A.L., Oltvai, Z.N., and Osterman, A.L. 2003. Experimental determination and system level analysis of essential genes in *Escherichia coli* MG1655. *J. Bacteriol.* **185**: 5673-5684.

Kang, Y., Durfee, T., Glasner, J.D., Qiu, Y., Frisch, D., Winterberg, K.M., and Blattner, F.R. 2004. Systematic mutagenesis of the *Escherichia coli* genome. *J. Bacteriol.* **186**: 4921-4930

Herring, C.D., and Blattner, F.R. 2004. Conditional lethal amber mutations in essential *Escherichia coli* genes. *J. Bacteriol.* **186**: 2673-2681.

Waclaw, Szybalski. 1993. From the double-helix to novel approaches to the sequencing of large genomes. *Gene* **135**: 279-290.

Young Geol, Yoon., György, Pósfai., Waclaw, Szybalski., and Sun Chang, Kim. 1998. Cre/*loxP*-mediated in vivo excision of large segments from yeast genome and their amplification based on the 2 μm plasmid-derived system. *Gene* **223**: 67-76.

Young G, Yoon., Ju H, Cho., and Sun C, Kim. 1998. Cre/*loxP*-mediated excision and amplification of large segments of the *Escherichia coli* genome. *Genet. Anal.* **14**: 89-95.

11장 유전체 재설계

bio-era
Insight into the future of living systems™

Home Company Services Research Events Contact Search Network Login

News

BIO-ERA RELEASES "GENOME SYNTHESIS AND DESIGN FUTURES" REPORT

Study analyzes the economic implications of rapid advances in gene sequencing and synthesis technologies -- especially for the strategic energy, chemicals, and vaccine production sectors

Cambridge, MA February 21, 2007 -- Bio Economic Research Associates, or bio-era™ (www.bio-era.net), a leading independent research and advisory firm providing analysis on the future of the global bio economy, today released a new independent research report, entitled "Genome Synthesis and Design Futures: Implications for the US Economy". The report analyzes recent and expected impacts of the advance and adoption of new gene sequencing and synthesis technologies and techniques, and looks in depth at their likely significance in three strategically important sectors of the US economy: energy, chemicals, and vaccines. Printed and bound versions of the 180 page report are available through the bio-era website at http://www.bio-era.net/research/GenomePurchaseForm.html.

2007년 2월 미국 에너지성에서 지원 받아 작성된 Bio-era 보고서. 이는 유전체 합성과 설계 기술이 미래의 미국 경제에 미치는 영향에 관한 분석 보고서이다.

11장 유전체 재설계

학습목표

유전체공학과 합성유전체학이 어떠한 관계인지를 알아보고 또한 유전체합성 기술이 유전체공학에 어떻게 활용이 되고 어떤 비전을 제시하는지를 논의하여 보자.

6장에서 언급한 유전체공학과 합성유전체학은 서로 많은 부분을 공유하면서 큰 흐름은 유전체 공학에서 합성유전체학으로 전환되고 있다. 합성유전체학을 활용하는 유전체공학으로 가고 있다. 이러한 영역에 해당되는 주제로 대장균 유전체의 새로운 유전암호를 도입하기 위한 재설계 부분을 공부하도록 하며 이외에도 G, A, T, C로 이루어진 유전정보시스템(genetic information system)을 확장하여 더 많은 염기로 구성된 유전정보시스템을 인공적으로 만드는 부분에 대해서도 살펴보자. 일반적으로 유전자나 유전체 수준에서 재설계를 한 경우도 설계된 유전자 또는 설계된 유전체라는 용어를 사용할 수 있다. 이는 사람의 목표·목적에 맞추어서 설계된 것을 말하는 것으로 기존의 유전자나 유전체를 그대로 합성하는 것이 아니라 새로운 목표를 가지고 새로운 서열을 갖도록 설계하여 만들어진 것 모두가 포함된다. 그러나 구태여 구별한다면 설계 및 합성은 설계 및 건축(construction) 즉, 새롭게 설계하고 만드는 것이며 기존에 있던 것을 조금 변형하여 개축을 한다는 의미로는 재설계 및 재건축이란 용어를 사용한다.

11.1 유전암호의 개조

생물체에는 20 종류의 아미노산이 사용되고 있다. 단백질 합성에는 20 종류의 아미노산과 특수한 경우 2개의 아미노산이 더 이용이 되지만, 특수한 목적을 위해서는 20 종류의 아미노산 이외에 비자연적인 아미노산을 단백질에 도입하는 방법을 생체 외에서 실행하고 있다. 그 목적은 기존 아미노산과는 다른 새롭고 구조적인 혹은 전자학적인, 분광학적인 성질을 갖는 비자연적 아미노산들이 많이 있는데, 이것을 단백질에 넣어 안정성이나 분자와 분자 사이의 인식기작들을 연구한다. 그리고 분자가 세포 내 어디에 위치하고 어떻게 이동을 하는지를 추적하거나, 혹은 단백질효소의 촉매작용을 다른 기질에도 할 수 있는지 또는 촉매작용을 더 증진시키는 등의 연구를 할 수 있다. 이처럼 여러 가지 산업적인, 기초학문적인 목적을 가지고 시험관에서 비자연적인 아미노산을 단백질에 도입하는 연구가 진행되고 있다.

11.1.1 유전 암호

모든 생명체에서 보편적으로 사용되는 유전암호를 그림 16.1에 나타내었다. 그러나 진핵생물의 세포소기관인 미토콘드리아, 엽록체 혹은 다른 일부 생물체 등에서 코돈의 의미가 이와는 다르게 사용되고 있다. 즉, 코돈이 다르게 진화되어 온 것이다. 그 중에서도 특히 종결코돈으로 사용되고 있는 UGA는 21번째 아미노산인 셀레노시스테인(selenocysteine)을 지정하는 의미로 사용되는 경우가 발견되었으며 종결 코돈으로 사용되고 있는 UAG는 22번째 아미노산인 피로리신(pyrolysine)을 암호화하는 경우가 발견 되었다. 이러한 예들은 유전암호가 어떠한 다른 목적을 가지고 변화(진화)되어 왔으며 앞으로 다르게 진화되어 갈 수 있다는 것을 의미하며 이러한 사실로부터 과학자들은 유전암호를 개조하려는 생각을 하게 되었다.

두 번째 위치 염기

첫 번째 염기 위치	U		C		A		G		세 번째 염기 위치
U	UUU	Phe	UCU	Ser	UAU	Tyr	UGU	Cys	U
	UUC	Phe	UCC	Ser	UAC	Tyr	UGC	Cys	C
	UUA	Leu	UCA	Ser	UAA	Stop	UGA	Stop	A
	UUG	Leu	UCG	Ser	UAG	Stop	UGG	Trp	G
C	CUU	Leu	CCU	Pro	CAU	His	CGU	Arg	U
	CUC	Leu	CCC	Pro	CAC	His	CGC	Arg	C
	CUA	Leu	CCA	Pro	CAA	Gln	CGA	Arg	A
	CUG	Leu	CCG	Pro	CAG	Gln	CGG	Arg	G
A	AUU	Ile	ACU	Thr	AAU	Asn	AGU	Ser	U
	AUC	Ile	ACC	Thr	AAC	Asn	AGC	Ser	C
	AUA	Ile	ACA	Thr	AAA	Lys	AGA	Arg	A
	AUG	Met	ACG	Thr	AAG	Lys	AGG	Arg	G
G	GUU	Val	GCU	Ala	GAU	Asp	GGU	Gly	U
	GUC	Val	GCC	Ala	GAC	Asp	GGC	Gly	C
	GUA	Val	GCA	Ala	GAA	Glu	GGA	Gly	A
	GUG	Val	GCG	Ala	GAG	Glu	GGG	Gly	G

그림 11.1 보편적 유전암호 (http://www/mun.ca/biology/scarr/MGA2_03-20.html)

11.1.2 억제자 tRNAs (Suppressor tRNAs)

보편적 유전암호뿐만 아니라 유전학적인 분석을 통해서 억제(suppression)현상을 발견하였는데 이는 첫 번째 일어난 돌연변이를 두 번째 일어난 돌연변이가 억제하는 현상을 의미한다. 억제하는 인자가 여러 가지 있는데 그 중에서도 tRNA가 관여하는 억제 현상이 발견되었고 이를 억제자 tRNA이라 한다.

그림 11.2는 대장균의 타이로신 tRNA(tyrosine tRNA)이다. 이 타이로신 tRNA의 안티코돈은 5'쪽에서부터 GUA로 되어져 있기 때문에 역평행(antiparellel)하므로 UAC 코돈을 인식하게 된다. 이 타이로신

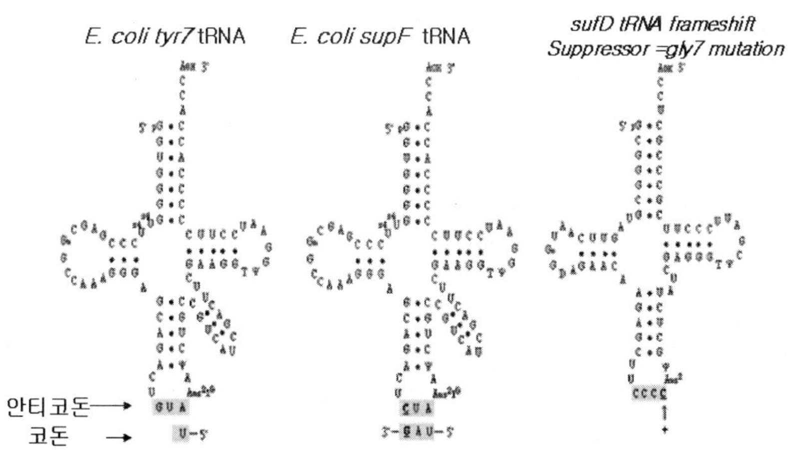

그림 11.2 타이로신 tRNA와 suppressor tRNA

tRNA 안티코돈의 첫 번째 G가 C로 변이가 일어나게 되면 돌연변이체 tRNA는 야생형 타이로신 tRNA처럼 타이로신을 달고 다니지만 UAG 코돈을 인식하게 된다. 즉 넌센스 종결 코돈을 인식하여 타이로신 아미노산을 전달해 주게 되는 것이다. 따라서 어떤 유전자상에 넌센스 돌연변이가 일어나 단백질의 중간부분에서 종지가 되는 변이가 생기게 된 것을 이 부분에 타이로신이라는 아미노산을 넣어줌으로써 단백질 합성이 정상적으로 끝까지 일어나서 야생형 성질을 띠게 된다. 이러한 변이 tRNA를 넌센스 억제자 tRNA라고 한다. 또 한 가지의 예를 들어보도록 하자. 글리신 tRNA(glycine tRNA)의 안티코돈 부위에 C 염기가 하나 더 들어가서 결국에는 GGGG 라고 하는 4개의 염기가 하나의 코돈으로 인식하게되는 현상이 발견되었다. 이러한 4개의 안티코돈을 가진 변이 tRNA.가 유전자의 코돈을 정상적으로 3개 인식하면 격자이동 돌연변이(frameshift mutation)를 유발하게 되는데. 이는 정상적인 단백질 합성이 일어날 경우 코돈은 3개의 염기를 연속적으로 인식을 하여 아미노산으로 바뀌는데 만약 염기가 하나 더 들어왔을 경우 frame이 밀려 엉뚱한 아미노산으로 바뀌어 기능을 상실하는 것을 뜻한다. 이 경우 4개의 안티코돈을 가진 변이 tRNA가 4개의 코돈을 하나로 인식하게 되면 뒷부분의 격자가 다시 정상으로 되돌아오기 때문에 억제 효과가 나타나게 된다. 이런 억제자 tRNA의 존재는 코돈의 원래 의미가 아닌 다른 의미로 즉, 기존의 아미노산을 지정하던 것을 비자연적인 아미노산으로 지정하도록 한다든가 종결 코돈으로 사용되던 것을 비자연적인 아미노산을 지정하는 tRNA를 변화시키는 것이 가능하다는 것을 보여주고 있다.

11.1.3 Orthogonal tRNAs, Orthogonal Aminoacyl - tRNA Synthetases

tRNA와 아미노산을 리보솜에 옮겨주기 위해서는 먼저 아미노산과 tRNA를 aminoacyl - tRNA로 결합시켜주는 aminoacyl - tRNA 합성효소가 필요하다(그림 11.3). 이 aminoacyl-tRNA 합성효소는 인식할 수 있는 기질인 동족 tRNA(cognate tRNA)가 있고 여기에 붙여줄 정확한 아미노산을 연결시켜 주는 역할을 한다. 종에 따라서 합성효소와 tRNA의 관계를 조사해 봤더니 재미있는 현상을 발견할 수 있었다. 대장균에는 타이로신이라는 아미노산과 타이로신 tRNA를 결합시켜 주는 tyrosyl - tRNA 합성효소가 있으며 마찬가지로 *Methanococcus jannaschii*도 똑같은 aminoacyl-tRNA 합성효소가 있다. 그러나 이 둘 사이에는 교차하는 상호작용(cross reaction)이 전혀 일어나지 않는다. 다시 말해서 대장균의 tyrosyl-tRNA 합성효소는 *Methanococcus jannaschii*의 tRNA를 인식할 수 없고 반대로 *Methanococcus jannaschii*의 합성효소는 대장균의 tRNA를 인식할 수 없다. 이러한 관계를 직교(orthogonal)라는 용어로 표현을 한다. 이 orthogonal이라는 용어의 의미는 예를 들어서 대장균의 입장에서 볼 때 *Methanococcus jannaschii* tRNA는 대장균의 어떠한 aminoacyl-tRNA 합성효소에 의해서도 charge가 되지 않는다. 즉, 아미노산과 결합이 일어나지 않는다는 뜻이다. 마찬가지로 대장균의 입장에서 볼 때 *Methanococcus jannaschii*의 TyrRS는 대장균의 어떤 종류의 tRNA도 charge를 시키지 않는다.

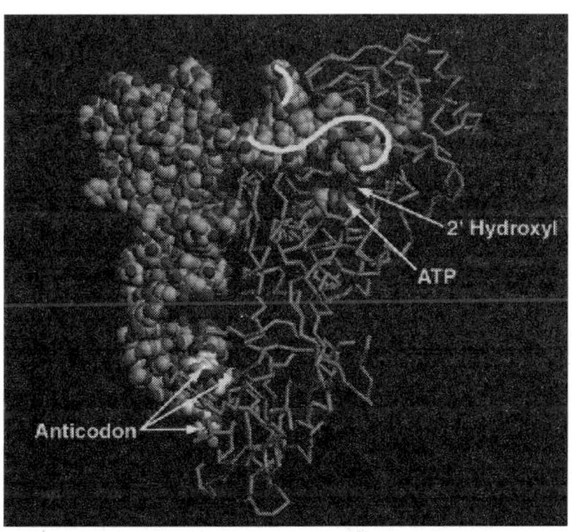

그림 11.3 Aminoacyl-tRNA 합성효소(우측)와 tRNA(좌측)의 결합

11.1.4 생체 외(*In vitro*)에서의 유전암호

특이한 tRNA에 특이한 아미노산을 붙여 주는 반응 특이성이 중요하다. 그 이유는 특정 부위에 비자연적인 아미노산을 집어넣는 것과 원래의 폴리펩티드를 그 의미로 다른 부분에 넣어주어야 할 필요성이 있기 때문이다. 2003년도 Foster 등은 생체 외에서 보편적인 유전 암호를 바꾸는 방법을 발표하였다(그림 11.4). 이들은 많은 비자연적인 아미노산들 중 biotinyllysine(bK)과 Omethylserine(mS), 2-amino-4-pentenoic acid(eU), 2-amino-4-pentynoic acid (yU)을 가진 단백질을 만들었다. 이 중에서 AAC 코돈은 원래 아스파라긴(asparagine, N)이지만 yU를 인식하도록, ACC는 트레오닌(threonine, T) 코돈이지만 mS를 인식하도록, GUU는 바린(valine, V)이지만 eU를 인식하도록 tRNA와 aminoacyl-tRNA 합성효소의 특이성을 변화시켜 생체 외에서 경쟁반응을 회피하면서 만들었다. 이러한 산물을 가지고 생체 외 시스템에서 mRNA를 가지고 번역을 시키면 원래의 tRNA는 N, T, V를 넣어주게 될 것을 fM, N, T, V, E로도 들어갈 수 있다. 아니면 특이성이 좀 더 많이 보편적인 아미노산으로 바뀌면 fM, yU, mS, eU, E로 폴리펩티드가 만들어 질 것이다. 실제로 만들어진 것을 조사해 보면 fM, yU, mS, eU, E로 만들어진 것이 대략 80% 정도인 것을 확인할 수 있다.

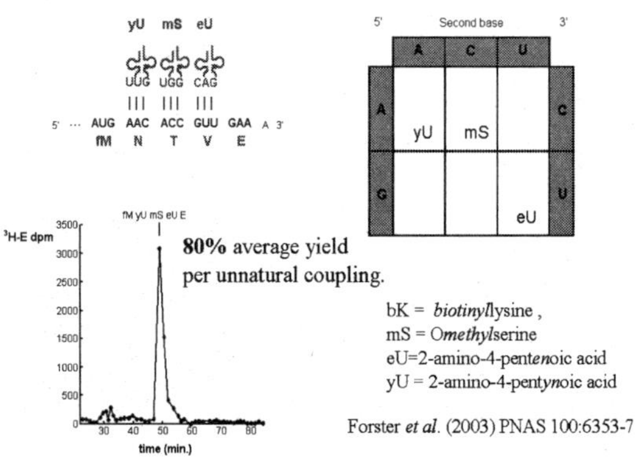

그림 11.4 시험관상에서 universal 유전암호의 변화(Foster *et al.*, 2003)

11.2 대장균 유전암호의 재설계

생체 외(in vitro)에서 만드는 것은 아무래도 양이 적게 되고 여러 가지 활용성에 제약을 받게 된다. 그래서 이것을 생체 내(in vivo)에서 이루어질 수 있도록 설계하여 보자.

11.2.1 유전암호 개조의 이점

생체 내 방법이 어떤 장점이 있는지 알아보자. 예를 들어 생체 외에서 단백질의 구조를 밝히기 위해서 중원자를 가지고 있는 비자연적인 아미노산을 생체 외에서 삽입해왔다. 하지만 생체 외에서 이렇게 만들어진 단백질은 양이 적기 때문에 생체 내에서 만들 수 있다면 더 많은 양을 얻어낼 수 있는 장점이 있다. 또 다른 예로 단백질의 기능을 연구하기 위해서 fluorophore(형광을 내는 물질)라든가 혹은 photocleavable(빛에 의해서 분해가 되는)과 같은 기를 가지고 있는 비자연적인 아미노산을 단백질에 집어넣고 그 기능을 추적, 조사하기 위해서 시험관에서 만들고 있다. 그러나 그 단백질이 실제 생체 내에서 어떠한 기능을 수행하는지를 추적하기 위해서는 생체 내에서 단백질을 만드는 것이 훨씬 유리할 것이라 생각이 된다. 이러한 여러 가지 이유 때문에 생체 내에서 비자연적인 아미노산을 폴리펩티드의 특정 위치에 삽입하는 기술을 개발하기 위해 노력을 하고 있다. 이외에도 비자연적인 아미노산을 여러 site에 다양하게 집어넣는다든가 혹은 한 종류의 아미노산이라고 하더라도 많은 부분에 집어넣을 수도 있다. 아니면 완전히 정상적인 아미노산이 없이 비자연적인 아미노산으로만 만들어진 폴리머를 만드는 등 새로운 산업적, 공업적인 목적을 위해서 대량으로 값싸게 만들어낼 수 있는 기반을 마련할 수 있어 많은 연구가 진행되고 있는 것이다.

11.2.2. Orthogonal aminoacyl-tRNA synthetase : tRNA pair for unnatural amino acid incorporation

시험관에서는 원래 사용되던 코돈이 약간 다르게 사용 되었다하더라도 정제하는 과정에서 제대로 된 것만 골라내기만 하면 된다. 하지만 생체 내에서 원래 코돈이 다르게 사용되면 의미가 달라지게 되어 기존의 다른 단백질에 영향을 미치게 된다. 만들고자 하는 단백질이 원하는 위치에 들어가 기존 정상적인 단백질에 영향을 주게 되면 문제가 생기게 된다. 그래서 직교 개념이 중요한 것이다. 원래 내생적인(endogenous)세균이 가지고 있던 합성효소와 tRNA을 자연적인 아미노산과 반응을 촉진시켜서 정확하게 그 위치에 정확한 아미노산을 전달해 주도록 사용되어져야하며 이 합성효소가 엉뚱하게 비자연적인 아미노산을 붙여 리보솜에 전달하여 비자연적인 아미노산을 단백질에 넣어준다면 문제가 생길 수 있기 때문이다. UAG와 같은 특별한 코돈에 새로운 의미를 담기 위해서는 이 코돈에만 특이적으로 작용하는 직교 tRNA(orthogonal tRNA)합성효소가 필요하다. 물론 이것은 비자연적인 아미노산에만 작용을 해서 전달해줘야 하고 자연적인 아미노산에 작용을 하게 되면 문제가 생기게 되는 것이다(그림 11.5).

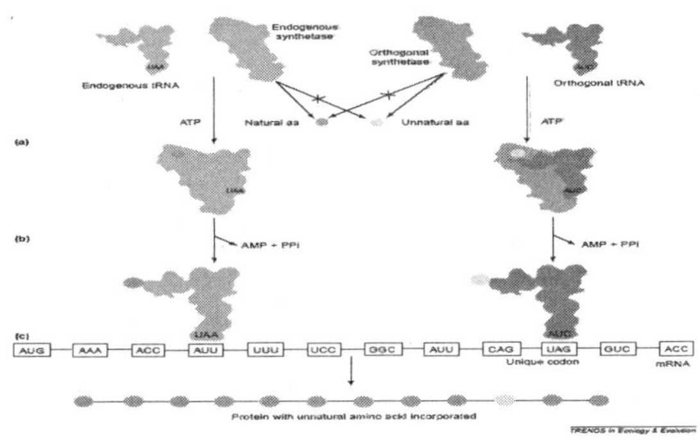

그림 11.5 시험관 상에서 universal 유전암호의 변화

11.2.3 대장균 유전체의 재설계-새로운 유전암호

대장균 유전체를 재설계를 하기 위해서 새로운 유전암호를 만드는데

우선 여분의 코돈을 새로운 비자연적인 아미노산으로 지정하도록 의미를 완전히 바꿔줘야 하는 코돈 치환이 필요하다. 다른 단백질에서 다르게 사용되는 코돈 부분들을 모두 소수의 특정 코돈으로 바꿔주고 남은 코돈들은 새로운 비자연적인 아미노산을 지정하도록 해줘야 한다. 이때 새로운 여분의 코돈이 결합할 수 있는 tRNA가 있어야 하며 또 tRNA가 unusual한 아미노산과 결합할 수 있도록 촉진시켜 주는 아미노산-tRNA 합성효소가 있어야 하고 이렇게 결합된 unusual 아미노산-tRNA 합성효소가 신장인자 EF-Tu(elongation factor thermo unstable)에 의해서 리보솜의 A site로 들어가서 단백질 합성이 정상적으로 일어날 수 있도록 해주는 조작들이 필요하다. 대장균 유전체의 재설계가 가능하기 위해서는 전체 유전체의 교체 작업이 필요하다. 즉, 기존에 사용하던 코돈들을 모두 다른 특정 유사 코돈으로 바꿔줘야 한다.

그래서 유전체 전체를 다룬다는 의미에서 유전체공학에 새로운 지평을 열고 합성적인 접근하지 않으면 곤란하다는 의미로 좋은 모델이 된다. 그리고 논리적으로 명확하기 때문에 무엇을 어떻게 바꿔줘야 할지를 쉽게 결론을 내릴 수 있어 설계하기가 비교적 쉽고, 새롭게 만들어진 대장균은 다양한 새로운 성질을 갖는 단백질을 만들어 내는 중요한 도구로 산업적으로도 매우 중요한 의미가 있다. 생체 외 합성과 관련해서 생각해 본다면 생체 내 방법은 많은 이점이 있으며 원하는 단백질만 특이적으로 만들 수 있고, 기존의 다른 단백질에는 아무런 영향을 주지 않기 때문에 새로이 조작된 세균의 생존능을 계산할 수가 있고 생산성(productivity)또한 계산할 수 있는 좋은 모델 시스템이다.

11.2.4 유전 암호

우선 유전 암호를 치환해야 하는데 메티오닌(Methionine, Met)은 AUG 코돈 하나만을 가지고 있고 또한 트립토판(Tryptophane, Thr)도 UGG 코돈 하나만을 가지고 있다. 그러나 2개 이상의 코돈을 사용하는 아미노산의 경우 여분의 코돈들은 새로운 의미를 갖는 코돈으로 개조해 줄 수가 있다. 이럴 경우 기존에 다른 단백질에서 사용되고 있는 코돈들은 다른 적절한 아미노산 코돈으로 바꿔줘야만 새로운 의미의 코돈으로 개조되는 것이다(그림 11.6).

그림 11.6 각 아미노산에 대한 보편적 유전암호

Ala	GCU, GCC, GCA, GCG	Leu	UUA, UUG, CUU, CUC, CUA, CUG
Arg	CGU, CGC, CGA, CGG, AGA, AGG	Lys	AAA, AAG
Asn	AAU, AAC	Met	AUG
Asp	GAU, GAC	Phe	UUU, UUC
Cys	UGU, UGC	Pro	CCU, CCC, CCA, CCG
Gln	CAA, CAG	Ser	UCU, UCC, UCA, UCG, AGU, AGC
Glu	GAA, GAG	Thr	ACU, ACC, ACA, ACG
Gly	GGU, GGC, GGA, GGG	Trp	UGG
His	CAU, CAC	Tyr	UAU, UAC
Ile	AUU, AUC, AUA	Val	GUU, GUC, GUA, GUG
개시	AUG	종지	UAG, UGA, UAA

11.2.5 돌연변이 tRNA 라이브러리

새로운 의미의 코돈을 만들기 위해서는 먼저 비자연적인 한 아미노산을 운반할 tRNA의 개조가 필요하다. tRNA 개조 과정을 알아보도록 하자. 그림 11.7은 *Methanococcus jannaschii*의 타이로신 tRNA (Tyrosine tRNA)인데 타이로신을 인식하는 tRNA를 넌센스 코돈인 UAG를 인식하도록 바뀐 다음 직교(orthogonal) 상태를 유지하기 위해서 loop 부분에 random한 돌연변이를 도입해서 먼저 돌연변이체 tRNA 라이브러리를 만든 다음에 우리가 원하는 tRNA 돌연변이체를 골라내게 된다.

11.2.6 진화된 tRNA의 선발

대장균 aminoacyl-tRNA synthetase에 대해 orthogonal한 tRNA를 골라내는 방법을 알아보자. 먼저 우리가 목표로 하는 것은 UAG라고 하는 넌센스 코돈을 인식하여 비정상적인 아미노산을 운반해 주는 tRNA이기 때문에 안티코돈이 UAG와 결합할 수 있는 nonsense

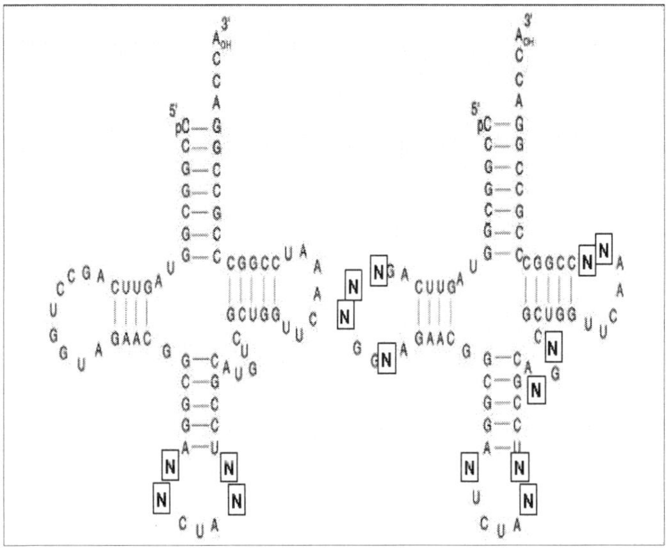

그림 11.7 Unnatural 아미노산 운반을 위한 tRNA의 개조 - *Methanococcus jannaschii* $tRNA_{CUA}$에서 임의의 뉴클레오티드(N)로 변이시킨 안티코돈 루프의 tRNA 라이브러리(왼쪽)와 모든 루프의 tRNA 라이브러리를 표시하였다. (Wang and Schultz, 2001)

suppressor tRNA를 이용하여 앞에서 설명한대로 돌연변이 tRNA 도서관을 제작하였다. 이들 중에서 우리가 원하는 orthogonal tRNA를 골라내는 방법을 그림 11.8에 나타내었다. 그림에서 대장균내의 플라스미드 A 상의 barnase는 RNase를 발현시키며 이 효소는 대장균에 강한 독성을 발휘한다. 하지만 플라스미드 A 상의 barnase 유전자는 넌센스 돌연변이(TAG)가 두 군데 존재하기 때문에 대장균에 형질전환하여도 아무런 해가 없다. 또 하나의 다른 플라스미드에는 돌연변이체 tRNA가 포함되어 있다. 우리는 수많은 돌연변이체 tRNA를 각각 포함하고 있는 수많은 대장균들 중에서 우리가 원하는 orthogonal tRNA를 가지고 있는 것을 찾아내야 한다. 돌연변이 tRNA 도서관을 이루는 개개의 tRNA는 크게 3가지 유형으로 나누어 볼 수 있다.

첫째는 대장균 aminoacyl-tRNA synthetase가 인식할 수 있는 즉 nonorthogonal한 tRNA이다. 이들을 포함하고 있는 세포들은 대장균의 아미노산-tRNA 합성효소가 UAG 코돈을 인식하여 아미노산을 넣어주고 barnase를 합성함으로써 결국 죽게 된다. 둘째는 대장균이 인식할 수 없는 orthogonal한 tRNA이다. 이들을 포함하는 세포에서는 charging이 일어나지 않고 결과적으로 barnase가 만들어지지 않기 때문에 살아남게 된다. 셋째 유형인 기능을 완전히 상실한 돌연변이

그림 11.8 종간 인식이 되지 않는 orthogonal 억제자 tRNA 선별법 (Wang and Schultz, 2001)

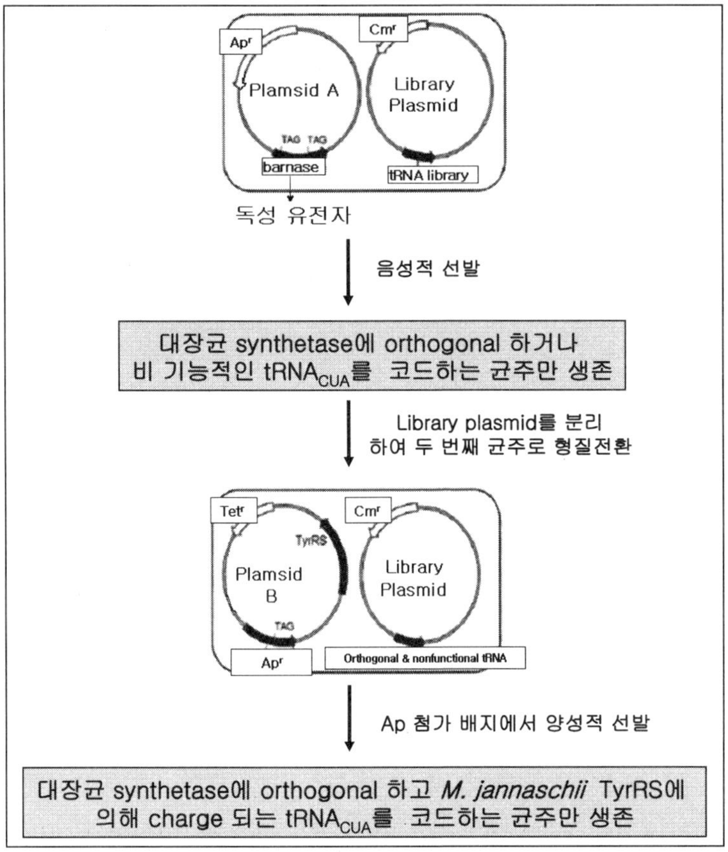

tRNA를 포함하고 세포들도 살아남을 수 있다. 따라서 그림과 같은 상황에서 살아남는 것은 orthogonal한 경우와 nonfunctional한 경우인데 우리가 실제로 원하는 것은 orthogonal한 경우이다. 그래서 다시 한 번의 선발과정을 거치게 된다.

위에서 살아남은 돌연변이체 tRNA를 *M. jannaschii* 의 TyrRS와 넌센스 돌연변이를 가지고 있는 β-lactamase 유전자(Apr)를 지니고 있는 플라스미드 B와 같이 넣어준다. 만약 tRNA에 돌연변이가 생겨 *M. jannaschii* 의 TyrRS가 작용하여 아미노산을 charging 시켜줄 수 있게 되었다면 β-lactamase 유전자의 넌센스 돌연변이를 억제하고 β-lactamase를 생산함으로써 암피실린 내성을 띄게 된다. Nonfunctional한 tRNA가 있는 경우는 살아남지 못하게 된다. 다시 말해서 tRNA 중에서 *M. jannaschii*의 합성효소가 인식할 수 있도록 변화가 생긴 것만이 살아남게 되는 것이다. 요약하면 첫 번째 음성 선발 단계에서 nonorthogonal한 것을 제거시키고 두 번째 양성 선발 단계를 거쳐서 nonfunctional한 것을 제거함으로써 대장균의 아미노산-tRNA 합성효소에 의해서는 charge가 일어나지 않고 orthogonal한 *M. jannaschii*의 합성효소에 의해서는 charge가 되는 orthogonal tRNA를 선발할 수 있게 되는 것이다.

11.2.7 돌연변이 tRNA 합성효소 라이브러리

Orthogonal tRNA에 특이적으로 작용을 해서 비자연적인 아미노산을 charging해 주는 합성효소도 필요하다. 이런 합성효소를 얻어내기 위해서도 돌연변이체 라이브러리를 만들어야 한다. 그림 11.9는 TyrRS를 이용한 실험의 결과를 보여주고 있는 것으로 *M. jannaschii*을 사용했다. 대장균 자체에 TyrRS의 다른 부분은 고유의 역할이 필요하기 때문에 건드려서는 안 된다. 그래서 *M. jannaschii*의 TyrRS를 바꾸어 unusual 아미노산을 인식할 수 있도록 한다면 역시 active site 부분만을 바꿔줘야 할 것이다(그림 11.8). *B. stearothermophilus* TyrRS는 3차원적 구조, 즉 crystal 구조가 밝혀져 있는데 5개의 아미노산 잔기들이 중요한 역할을 하고 있다는 것이 이미 알려져 있기 때문에 *M.*

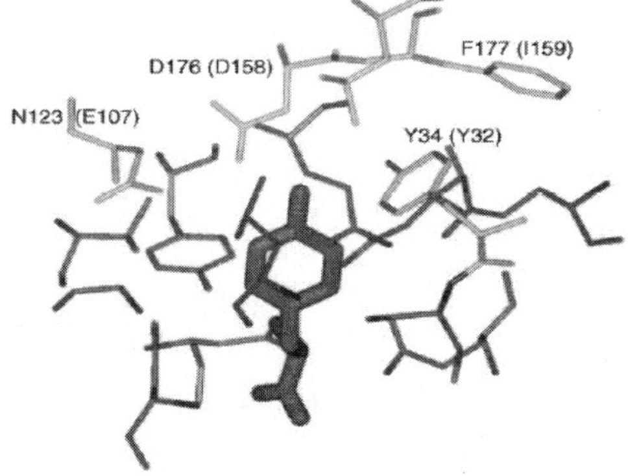

그림 11.9
Orthogonal한 tRNA에 작용하는 syntethase 변이(Xie and Schultz, 2005)

*jannaschii*에서도 이 5개의 위치에 있는 아미노산들을 random하게 변이를 시켜서 라이브러리 구축을 한다.

11.2.8 Evolved tRNA 합성효소

앞부분에서 만들어놓은 orthogonal tRNA에 우리가 원하는 방향으로 비자연적인 아미노산을 charging하는 역할을 가지는 돌연변이 tRNA 합성효소를 제대로 골라내야 한다. 이의 선발도 앞과 유사한 전략을 사용한다. 그림 11.10을 보면 대장균 내 *M. jannaschii*의 TyrRS 돌연변이체 라이브러리를 가지고 있는 플라스미드를 볼 수 있으며 이 플라스미드는 넌센스 돌연변이가 일어나 있으며 Cm의 내성을 가지고 있고 GFP도 있다. 또한 여기에 앞의 전략을 통해서 선발된 *M. jannaschii*의 tRNA인 mutRNA^{tyr}이 있다. 이것은 UAG (amber 넌센스 코돈)를 인식할 수 있으며 대장균에 직교 성질을 가지고 있다. 이런 세균들을 우리가 원하는 charging을 시키고자 하는 비자연적인 아미노산을 넣어주고 Cm도 넣어준 배지에서 선발하게 된다. *M. jannaschii*의 TyrRS가 비자연적인 아미노산을 돌연변이체 tRNA와 연결을 시켜주고 돌연변이체 tRNA가 결국 Cm의 넌센스 돌연변이를 억제해주면 살아남을 수 있게 되며 이것이 우리가 가장 원하는 비자연적인 아미노산을 charging하는 상황이다.

20종류의 일반적인 자연적인 아미노산을 mutRNA^{tyr}에 charging을 해주어도 억제가 일어난다. TyrRS가 변이가 일어날 때, 비자연적인 아미노산을 인식하도록 혹은 자연적인(natural) 아미노산을 인식하도록 혹은 완전히 기능이 없도록 여러 가지 변이가 일어날 수 있겠지만 positive 선발을 통해서 기능이 없는 변화된 합성효소는 제거가 된다. 이제는 이 중 우리가 원하는 비자연적인 아미노산을 charging 할 수 있는 그리고 자연적인 아미노산을 charging하지 않는 즉 orthogonal한 TyrRS를 찾는 것이 필요하다. 두 가지의 형태가 있는데 구분하는 방법은 음성 선발을 거치게 된다. 음성 선발 과정은 두 type의 합성효소를 플라스미드로 가지고 있는 barnase는 넌센스 돌연변이를 가지고 있고

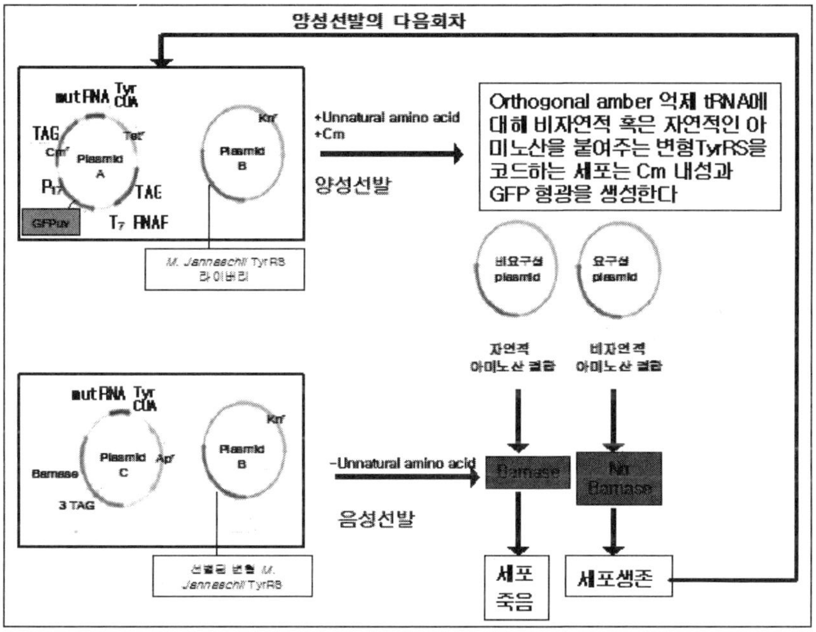

그림 11.10
Orthogonal한 tRNA에 작용하는 합성 효소 선별법 (Xie and Schultz, 2005)

마찬가지로 mutRNA^{tyr}이 있다. 그래서 비자연적인 아미노산을 빼고 배지에서 배양하는 것이다. 만약 자연적인 아미노산을 charging하는 돌연변이체였다면 비자연적인 아미노산이 없더라도 자연적인 아미노산을 charging할 수 있고 barnase의 넌센스 돌연변이들을 억제해 버림으로써 barnase가 발현되고 이 세포는 죽게 된다. 비자연적인 아미노산만 charging하는 원하는 방향으로 TyrRS의 변화가 일어났다면 비자연적인 아미노산이 없기 때문에 전혀 이 돌연변이체 tRNA를 charging할 수 없게 되고 charging이 일어나지 않기 때문에 억제할 수 없고 결과적으로 barnase 생성이 안 되고 세포는 살아남게 된다. 그래서 결과적으로 첫 번째, 양성 선발 과정을 통해서 nonfunctional하게 돌연변이가 일어난 것을 제거하게 되고 두 번째, 음성 선발 과정을 통해서 자연적인 아미노산을 charging하는 돌연변이체를 제거하고 결국 우리가 원하는 비자연적인 아미노산만을 charging하는 orthogonal 합성효소를 얻어낼 수 있다. 첫 술에 배부를 리 없다고 처음에 우리가 비자연적인 아미노산에 굉장히 높은 친화력을 갖는 합성효소를 얻기는 힘들 것이다.

그래서 1차 선발 과정을 거친 것을 다시 똑같은 방법을 2-3번 함으로써 좀 더 비자연적인 아미노산에 친화력이 강한 합성효소를 얻어낼 수 있게 되는 것이다.

11.2.9 Evolved EF-Tu & A site

이런 unusual한 아미노산 중에서도 특히 굉장히 큰 비자연적인 아미노산인 경우에는 charging이 되었다 하더라도 신장인자 EF-Tu에 의해서 리보솜 A-site로 옮겨가는데 문제가 될 수 있기 때문에 신장인자 EF-Tu에 대한 개조도 생각을 해야 한다. 이와 더불어 리보솜 A-site도 큰 비자연적인 아미노산을 받아들일 수 있도록 개조에 대한 염두 또한 해두어야 한다(그림 11.11).

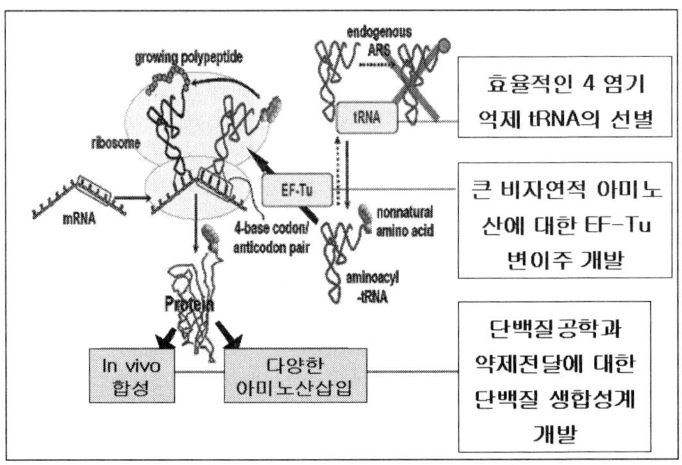

그림 11.11 그 외 unnatural 아미노산 삽입에 고려해야 할 사항
Takashi Ohtsuki (Okayama Univ.)

11.2.10 Recoding 대장균 : r*E.coli*

여러 orthogonal한 비자연적인 아미노산 여러 개에 대한 orthogonal tRNA, orthogonal 합성효소를 만들고 결과적으로 각종 비자연적인 아미노산에 대한 각각의 코돈에 할당하기 위해서는 여러 가지 과다한 코돈들을 비워야할 필요가 있다. 첫 번째, 대장균에서 UAG 코돈을

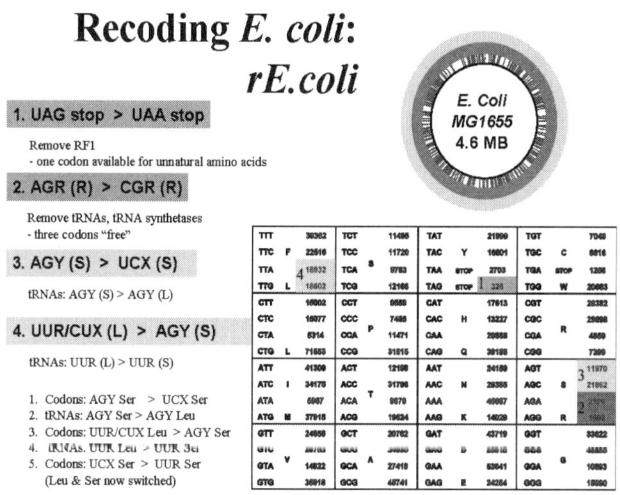

그림 11.12
네 가지의 보편적 코돈의 변화

종지코돈으로 사용하고 있는 유전자는 326개로 비교적 적게 사용하고 있는 편이다. 이 UAG 코돈(종결 코돈)을 다른 용도로 사용하기 위해서는 이것을 UAA로 바꿔주고 비워진 UAG 코돈은 다른 비자연적인 아미노산을 지정하는데 활용할 수 있다(그림 11.12). 이때 UAG의 RF (Release Factor)가 필요가 없게 된다. 두 번째, AGR의 경우 R은 퓨린으로 AGA와 AGG 이 두 가지를 의미하고 있으며 아르기닌을 코딩하고 있고 아르기닌은 AGA와 AGG뿐만 아니라 CGT, CGC, CGA, CGG도 이용하기 때문에 AGR의 A를 C로 전환시키면 아르기닌의 의미를 사용할 수 있으며 이로 인해 사용빈도가 적은 AGR 두 개의 코돈을 다른 의미로써 개조할 수 있다. 이때 이러한 코돈을 인식하던 tRNA를 제거하고 tRNA 합성효소도 개조해야 한다. 두 가지의 예로 도합 3개의 여분이 생겼다. 이외에도 많은 코돈들을 바꿔서 12개 이상의 새로운 코돈들을 비워놓고 새로운 아미노산을 지정하도록 바꿔줄 수 있다. 이와 같은 방법으로 대장균 유전암호를 재설계하면 앞서 설명한대로 비자연적인 아미노산을 갖는 새로운 약제 개발이 가능해질 뿐만 아니라 유전체가 안정한 섀시를 얻을 수도 있게 된다.

학습정리

1. 유전체공학은 합성유전체학으로 발전되어 가고 있다.
2. 합성유전체학을 통하여 특수한 능력을 지니도록 개조된 산업용 미생물들이 활용될 것이다.
3. 이러한 예는 합성생물학이 다양한 형태로 미래의 생명공학을 선도할 수 있음을 보여준다.

참고문헌

11.1 유전암호의 개조

Foster, L.J., De Hoog, C.L., and Mann, M. 2003. Unbiased quantitative proteomics of lipid rafts reveals high specificity for signaling factors. *PNAS.* **100:** 5813-5818. http://www.mun.ca/biology/scarr/MGA2_03-20.html

11.2 대장균 유전암호의 재설계

Wang, L., and Schultz, P.G. 2001. A general approach for the generation of orthogonal tRNAs. *Chem. Biol.* **8:** 883-890.

Xie, J., and Schultz, P.G. 2005. Adding amino acids to the genetic repertoire. *Current Opinion in Chemical Biology* **9:** 548-554.

Takashi Ohtsuki (Okayama Univ.)

Benner, S.A., Hutter, D., and Sismour, A.M. 2003. Synthetic biology with artificially expanded genetic information systems. From personalized medicine to extraterrestrial life. *Nucleic Acids Res. Suppl.* **3:** 125-126.

12장 합성생물학의 성과

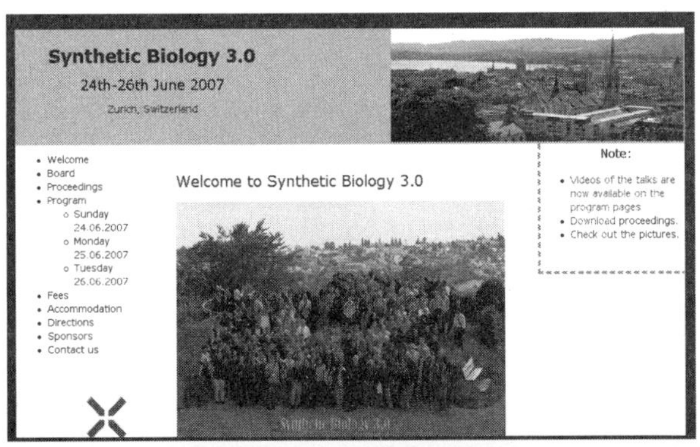

2007년 6월 24일 제3회 합성생물학 학술대회(Synthetic Biology 3.0)가 스위스의 취리히에서 열렸다. 참가 인원이 늘어날 뿐 아니라 기술적 수준도 매우 높아지고 있음을 알 수 있다.

12장 합성생물학의 성과

학습목표

현재 합성생물학 연구를 통하여 이룬 연구 성과에 대해서 살펴보며 특히 화학 공업에 있어서 합성생물학의 응용 분야와 더불어 화학 물질중에서도 질병 치료에 사용되는 약제 개발에 어떻게 사용이 되고 있는지 알아본다.

합성생물학이 얼마나 미래의 생명공학에 큰 영향을 미칠지에 대해 알아보기 위하여 간단한 연구 보고서를 살펴보도록 하자(그림 12.1). 유럽연합(EU)의 NEST(New and Emerging Science and Technology)란 프로그램은 새로이 부상하고 있는 과학 기술 분야에 대해 정리하고 연구비를 책정하여 연구를 이 방향으로 유도해 나가고 있는데 2005년도에 주요 분야의 하나로 합성생물학 영역을 선정하였다. 이 당시까지만 해도 주로 미국에서 연구가 진행되고 있었기 때문에 EU 측도 미국에 뒤쳐지지 않기 위해서 2005년도에 체계적인 정책 보고서를 만든 것이다. 그림에서 보듯이 합성생물학이라는 것은 공학을 생물학

그림 12.1 EU 보고서(2005)합성생물학은 엄청난 영역과 잠재력을 지닌 분야이다. (Synthetic biology is a field with enormous scope and potential.)(EU, 2005. http://www.cordis.lu/nest/home.html)

에 적용한 것이다. 보고서의 서문을 보면 합성생물학은 이제 막 시작을 하였지만, 지금은 상상하기도 어려운 굉장히 큰 변화를 많은 영역에서 몰고 오게 될 것이다. 이는 기본적으로 우리의 생활 자체, 사고 방식, 철학 자체에 큰 변화를 초래할 만큼 막강한 영향력을 가지고 있는 영역이라고 보고서는 지적을 하고 있다. 이러한 합성생물학의 적용 분야는 생물학의 모든 영역이라고 말할 수 있는데 이중에서도 산업적인 측면과 기초학문적인 측면으로 나누어 몇 가지 살펴보도록 하자. 현재 산업적인 측면에서 많이 응용되고 있는 분야는 화학 물질의 생산이다. 그 중에서도 치료와 관련해서 약제 또는 치료제가 있다. 예전에 이러한 것들은 화학적으로 만들었기 때문에 화학 공업에 있어서 여러 가지 공해 문제, 비용문제, 자원 보호 문제가 제기되었다. 이러한 문제를 해결 할 수 있는 것이 생물학적 합성(생물학적 생산)이 되겠다. 생물학적 생산은 친환경공법으로 현재 많은 주목을 받고 있는데 생물정제, 바이오에너지, 합성 백신 등등에 대해서는 13장에서 자세히 알아보도록 한다.

12.1 화학공업

합성생물학의 응용 분야 중에서 화학공업이 큰 부분 중을 차지하고 있다. 대략 2010년까지 현재 화학 산업의 10% 정도, 금액으로는 $700억정도가 화학적인 방법에서 합성생물학적인 방법으로 전환될 것이라고 Bio-era라는 책에서 예견하고 있다. 이처럼 화학적으로 만들던 것을 합성생물학적인 방법으로 전환하는 기업들이 많은데 그중 세계적인 기업 DuPont이 있다. 이 외에도 수많은 화학회사들이 합성생물학적인 방법으로 생산을 추구하고 있다. 또 농업을 기반으로 한 Cargil 회사는 현재 합성생물학적 방법을 기반으로 생산 체계를 전환하고 있으며, 또한 합성생물학적인 특별한 기술에 기반을 한 Metabolix, Genencor, Zuchem, Amyris, Codexis 등이 설립되어 여러 가지 물질들을 만들어내고 있다. 이중에서 대표적으로 몇 가지만 살펴보도록 한다.

첫 번째로 1,3-프로판디올 (1,3-propanediol)이라는 물질이다. 이것은 PDO라는 약자로 표현하며 DuPont사에서 폴리에스테르(polyester)수지를 만들 때 사용되고 있다. 이 PDO 물질을 화학적으로 만들어내지 않고 합성생물학적인 방법으로 만든 것은 제넨코 (Genencor)라는 회사이다. 이 회사는 세종류의 세균에 갖고 있는 대사경로를 합성하여 디하이드록시아세톤포스페이트 (dihydroxyacetonephosphate)라는 물질로부터 PDO를 생산하는데 성공하였다. 그림 12.2에 나타낸 바와

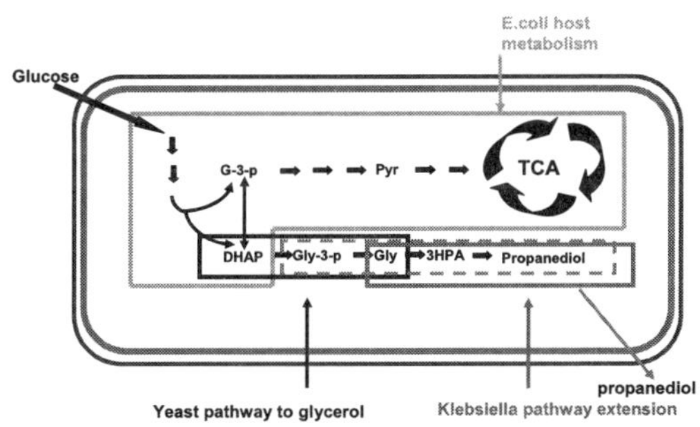

그림 12.2
1,3-프로판디올
(http://www.genencor.com/wt/gcor/meta)

같이 포도당에서 디하이드록시아세톤포스페이트가 만들어지는 과정은 대장균에 있다. 이 대장균에 디하이드록시 아세톤 포스페이트 (dihydroxyacetonephosphate) 에서 글리세롤로 전환하는 경로를 효모로부터 도입하였으며 글리세롤을 1,3-프로판디올(PDO)로 전달하는 경로를 *Klebsiella*로부터 도입하였다. 이렇게 재구축한 대사경로를 지닌 대장균은 포도당으로부터 1,3-프로판디올을 높은 수율로 만들어낼 수 있었으며 화학적으로 만든PDO와 비교해서도 뒤지지 않을 만큼 가격 경쟁력이 뛰어났다. 최근 이를 Bio-PDO라고 부르며 '환경친화적인 화학' 즉, 녹색 화학의 대표적 사례로써 이 물질의 우수성을 홍보하고 있다. 터페노이드(Terpenoid)는 아이소프레노이드(isoprenoid)라고도 하는데 주로 식물체에서 만들어지고 있다. 이는 대략 5만 종 이상의 물질들이 있는 화합물 군으로 여러 가지 의약품이라든가 산업적인 목적으로 활용될 여지가 많은데 아직도 극히 일부만이 활용되고 있어 앞으로도 무궁무진한 개발 가능성이 있는 자원이라고 인식

하고 있다. 더욱이 터페노이드 계열의 화합물들은 비슷한 전구물질을 만드는데 까지는 같은 경로를 사용하고 있다. 이 때문에 합성생물학을 적용할 때 유리한데 아이소프레노이드 전구체를 만들어내는 공통 대사 경로를 한 모듈로 만들어 놓으면 이 모듈을 한 물질을 사용하는 데에만 활용할 수 있는 것이 아니라 다른 수많은 물질을 만드는데도 활용할 수 있다(그림 12.3).

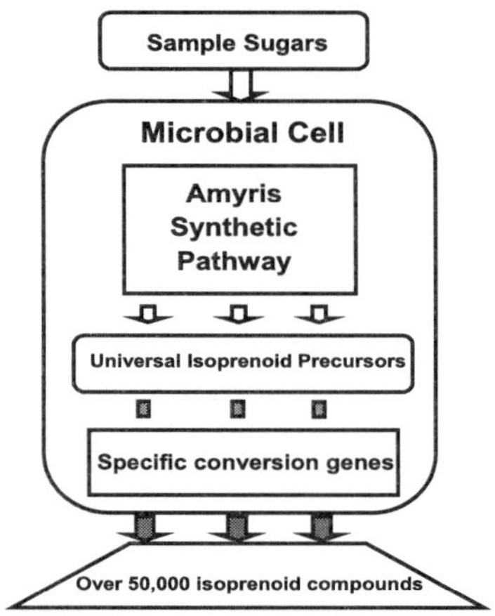

그림 12.3
터페노이드
(http://www.amyrisbiotech.com/isoprenoids.html)

이러한 터페노이드 계열의 화합물을 합성생물학적으로 제일 먼저 만들기 시작한 것은 캘리포니아 대학, 버클리(University of California, Berkeley)캠퍼스의 Keasling 박사 팀으로 터페노이드 계열의 아테미시닌이라고 하는 약재를 생산하는데 성공했고 그 이후에 같은 계열의 항암제인 택솔 개발에도 참여하고 있다. 이 Keasling 그룹은 아테미시닌의 생산을 기반으로 Amyris라고 하는 회사를 창업하였다. 이 Amyris라는 회사는 Keasling 박사가 고안한 아이소프레노이드 전구체 생산 공통 모듈에 특정 이소프레노이트 전환 유전자를 넣어주어 결국 50,000종에 해당하는 다양한 아이소프레노이드 화합물을 만들어 생산하겠다는 계획을 가지고 있다(그림 12.3).

12.2 의약품

12.2.1 대장균에서의 아테미시닌 합성

아테미시닌은 말라리아 치료제이므로 말라리아에 대하여 먼저 살펴보도록 한다. 말라리아는 말라리아 원충에 의해 일어나는데 이것 중 하나가 *Plasmodiumfalciparum*이다. 이 말라리아 원충은 모기를 매개체로 이용하게 되고, 말라리아 원충이 감염하면 적혈구가 파괴되면서 말라리아 증상이 나타나게 된다. 대략 지구상에서 매년 약 1.5-2.7 백만명이 밀라리아에 의해 사망한다(그림 12.4).

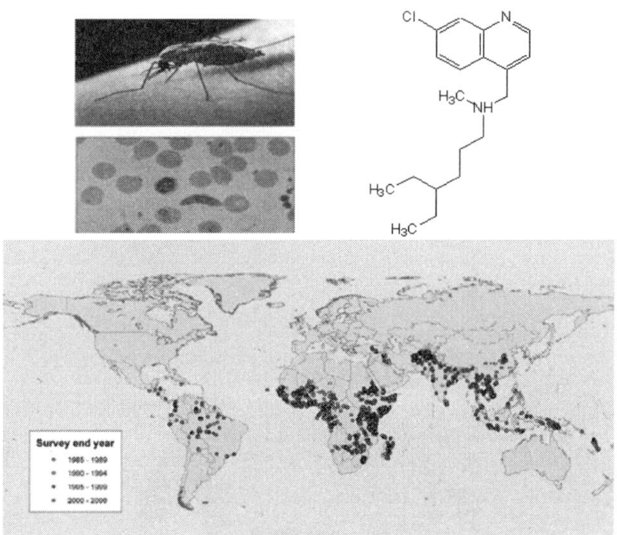

그림 12.4
말라리아

지도에 나타나듯 주로 동남아시아와 아프리카 그리고 남아메리카 쪽에서 말라리아 환자들이 발생한다. 특히 희생자의 대부분은 빈민국의 어린이들이다. 전 세계 인구의 약 40%가 말라리아의 위험에 노출되어 있기 때문에 전 세계 보건에 매우 심각한 문제이다. 이 말라리아는 클로로퀸이라고 하는 약재에 의해 치료가 되지만 남미와 동남아 쪽에서는 많은 말라리아 원충이 이 약재에 내성을 나타내고 있다

(그림 12.4). 그래서 이 클로로퀸 외에도 아테미시닌의 병행치료가 요구되고 있다. 따라서 아테미시닌이 많이 필요한데, 이 아테미시닌은 Artemisia annua라는 식물체에서 만들어진다(그림 12.5).

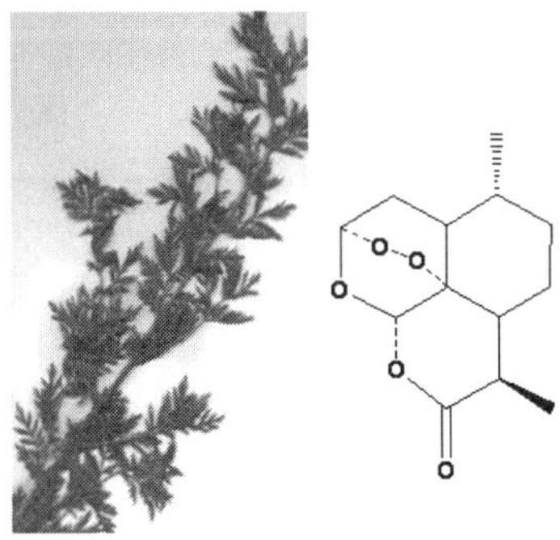

그림 12.5
아테미시닌

하지만 식물체에서 추출하여 약을 만들어내면 산림벌채 문제 즉, 환경문제가 야기되기 때문에 대량 생산이 불가능하다. 이에 아테미시닌을 세균에서 만들어보려는 연구가 시작되었다.

아테미시닌의 생합성 경로를 설명하기 전에 일반적인 터페노이드의 생합성 경로에 대하여 살펴보자(그림 12.6).

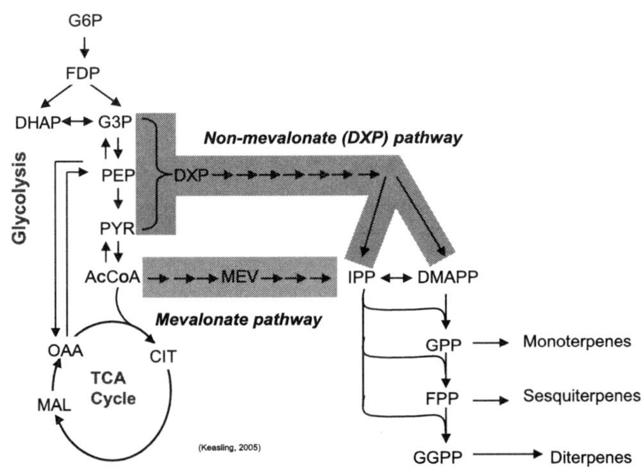

그림 12.6
터페노이드 합성 대사 경로
(Keasling, 2005)

터페노이드의 주로 전구물질이 되는 것은 이소펜테닐이인산(IPP)와 디메틸알닐이인산(DMAPP)이며 DMAPP에 IPP 하나가 붙으면 제라닐이

인산(GPP), 두 개가 붙으면 (FPP), 세 개가 붙으면 제라닐제라닐이인산(GGPP)가 되는데 이것들이 바로 여러 타입의 터페노이드를 만드는 전구물질이다. 모노터펜(monoterpene)은 GPP로부터 세스퀴터펜(sesquiterpene)은 FPP로부터 다이터펜(diterpene)은 GGPP로부터 만들어지게 된다. 터페노이드를 만드는데 전구체로 사용되는 IPP와 DMAPP는 어떻게 만들어지는지 알아보자. 이 물질은 세균에서는 DXP 경로에 의해서 만들어진다. 포도당에서부터 아세틸코에이(acetyl-CoA)까지 만들어진 다음 TCA 사이클 진행 후 1-deoxy-d-xylilose-5-phosphate(DXP)라는 물질이 만들어진다. 이 DXP에서부터 여러 단계를 거쳐서 IPP와 DMAPP가 만들어지는 경로를 DXP 경로라 한다. 대장균의 경우는 주로 DXP경로를 이용을 하게 된다. 식물체를 비롯하여 대부분의 진핵생물들은 경로가 다른데 아세틸 코에이(acetyl-CoA)에서부터 메발로네이트 (mevalonate, MEV)를 거쳐 IPP가 만들어진다. 이를 메발로네이트 경로라고 한다. DXP 대사 경로는 MEV를 거치지 않는다고 해서 비-메발로네이트(Non-mevalonate) 경로라고도 한다(그림 12.6). 아테미시닌이 어떻게 만들어지는지 살펴보자. 아테미시닌은 파네실이인산(FPP)으로부터 만들어지는데 FPP로부터 아모파디엔 합성 효소에 의해서 아모파디엔이 만들어지고 여기에 사이토크롬 P450이 작용을 하여 아테미시닉산 (artemisinic acid)이 만들어지며 이것이 자연적으로 아테미시닌으로 전환되게 된다(그림 12.7).

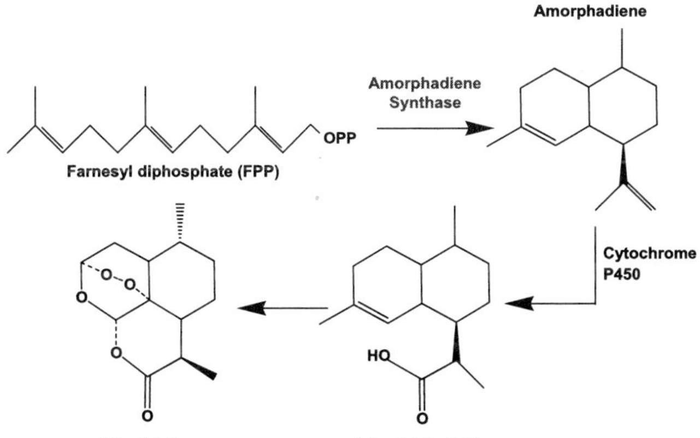

그림 12.7 아모파디엔과 아테미시닌 생합성 과정 (Keasling, 2005)

그런데 아테미시닌을 만들어내고 있는 *Artemisia annua*라고 하는 식물체에는 아모파디엔 합성 효소가 있지만 대장균에는 이 효소가 없어 대장균은 파네실이인산으로부터 아테미시닌을 만들어 낼 수 없다. 대장균에는 DXP 대사경로가 있는데 이 DXP 대사경로에 의해서 IPP와 DMAPP가 만들어지고 GPP와 FPP가 만들어지는데 여기에다 식물체에서 유래한 아모파디엔 합성 효소를 넣어주면 아모파디엔이 만들어지고 사이토크롬 P450을 만들게 해주면 결국 아테미시닌까지 만들어낼 수 있을 것이라고 연구팀은 생각했다. 그래서 실제로 이러한 유전자를 넣어 보았지만 수율 증가의 한계가 있고 중간물질의 독성 때문에 새로운 전략을 생각하게 되었다. 이 새로운 전략이란 아테미시닌을 만들어내는 식물체나 진핵생물들은 메발로네이트 대사경로를 쓰기 때문에 대장균에다 메발로네이트 대사경로를 넣어주는 것이다. DXP 대사경로로 가지 못하도록 제거를 하고 메발로네이트 대사경로가 움직이도록 메발로네이트 대사경로와 관련된 각 유전자들을 모두 합성해서 아세틸 코에이(Acetyl-CoA)에서부터 아세토아세틸 코에이(Acetoacetyl-CoA)를 거쳐서 메발로네이트를 거치고 IPP와 DMAPP가 만들어지도록 하는 것이었다(그림 12.8).

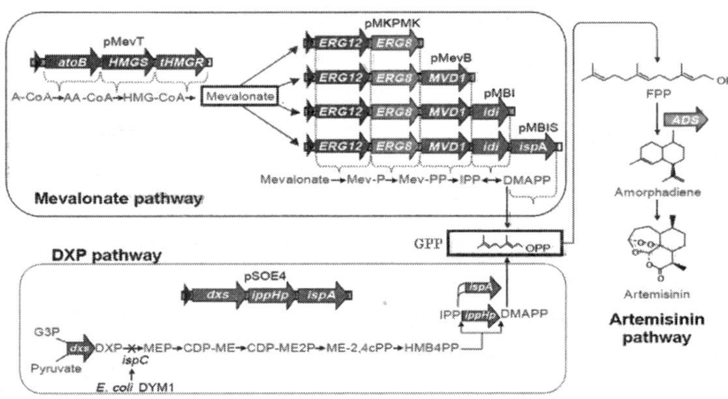

그림 12.8
대사경로 재구축 및 유전자 합성
(Martin *et al.*, 2003)

12.2.2 효모에서의 아테미시닉산 합성

아테미시닌뿐만 아니라 아테미시닉산은 아테미시닉산으로부터 다양한 유도물질들이 만들어지고 그 유도체들은 항균작용을 가지고 있기 때문에 아테미시닉산을 만드는 것도 상당히 중요하다. 이것은 효모에서 성공한 예이다. 효모는 진핵생물이기 때문에 원래 메발로네이트 대사경로가 있다. 그래서 아세틸-코에이에서 아세토아세틸-코에이를 거치고 메발로네이트를 거쳐 FPP가 만들어지고 이 FPP의 일부가 스쿠알렌(squalene) 합성효소에 의해서 스쿠알렌이 만들어지며 그 다음에 에르고스테롤(ergosterol)이 만들어지는데 원래의 대사경로가 아닌 다른 대사경로로 아테미시닉산이 만들어진다. 식물체에 있는 ADS (amorphadiene synthase)라는 효소와 사이토크롬 P450과 관련된 산화환원효소 등을 같이 넣어주어 아테미시닉 산이 만들어지도록 조작을 하였다. 이와 동시에 좀 더 수율을 높이기 위해서 특별한 조절에 관련된 돌연변이를 활용하였고, 또 두 단계의 효소를 과발현 시키는 등 다양한 합성과 조작을 통하여 대장균에서 만든 것보다 약 5배 더 높은 수율의 아테미시닉 산을 만든 것이 2006년도에 성공하였다(그림 12.9).

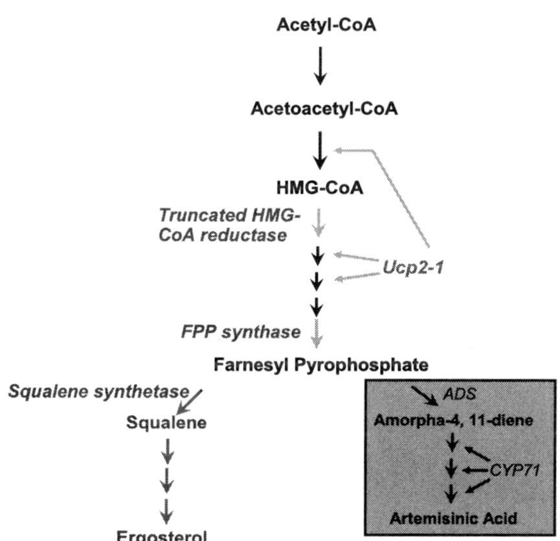

그림 12.9
효모 내에서 아테미시닉산 생산과정
(Ro *et al*. 2006)

12.2.3 대장균에서의 택솔 생합성

같은 터페노이드 계열이면서 구조가 조금 더 복잡한 택솔이라고 하는 물질은 태평양 주목 (Pacific yew)로부터 얻어진다. 이 주목은 Texus이라 불리며 여기서 나오는 물질을 택솔이라고 불리게 된 것이다. 이 주목의 생장 속도는 굉장히 느리다. 그래서 길이가 짧고 상당히 오랜 기간 동안 성장해야 한다. 이러한 이유로 벌채를 할 수는 없기 때문에 많은 화학자들이 택솔을 만들기 위한 연구를 시작하게 되었고 이를 화학적으로 합성하여 성공을 이루었다. 그런데 화학적으로 합성한 연구는 성공했지만 이것이 실제 항암제로써 사용하기에는 비용이 맞지 않기 때문에 합성생물학적으로 만들고자 하는 연구가 진행 중인 것이다(그림 12.10).

그림 12.10
주목으로부터의 택솔

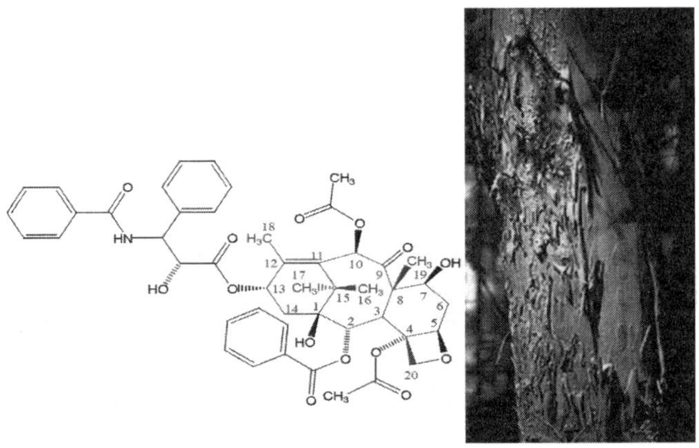

이 택솔의 생합성 과정은 아직 다 밝혀지지 않았지만 대략 19단계의 효소 반응이 관여하는데 그 중 일부만이 알려져 있다. 택솔도 제라닐제라닐 다이포스페이트 합성효소(geranylgeranyl diphosphate synthase-GGPS)로부터 텍사디엔 합성효소(texadiene synthase-TS)작용에 의해서 Taxa-4(5),11(12)-diene이 만들어지고 또 몇 가지 단계를 거쳐서 중요한 중간단계물질인 바사틴(baccatin)이 만들어지고 또 여러 곁가지가 붙어가면서 결국 택솔이라고 하는 물질이 만들어지는데 아

직 이 전 단계가 밝혀지지 않았다. 그러나 합성생물학적 방법을 통해 중간물질이 만들어진다면 그것을 바탕으로 하여 택솔 생합성 경로도 밝히는데 도움이 되고 이것이 밝혀지면 다시 합성생물학적으로 택솔을 생합성하는데 선두주자로 나설 수 있다. DeJong팀은 택솔을 만드는 중간물질을 합성생물학적으로 만드는 연구를 하여(그림 12.11) 현재까지 밝혀진 5개의 효소들을 가지고 taxadine-5α-acetoxy-10β-ol을 만들어냈다.

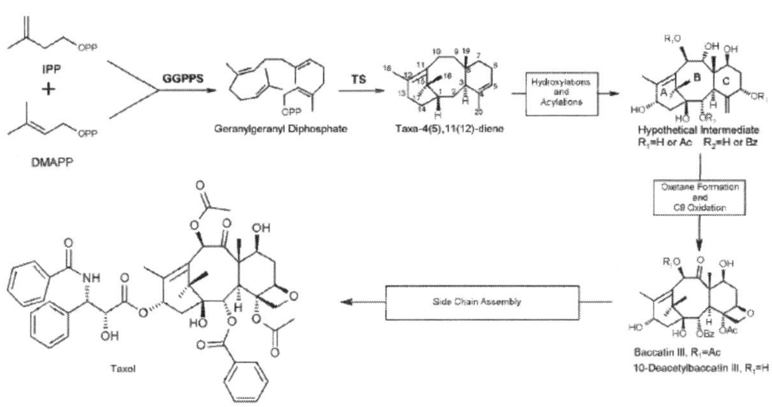

그림 12.11
택솔 합성 개략도
(DeJong *et al.*, 2005)

이 물질이 재구성되는 대사경로는 위의 그림이 나타내고 있으며 GGPPS, TS, THY5a, TAT, THY10b와 같은 이 5개의 효소 유전자를 이용하여 재구성한 것이다. 물론 아직 정확하게 이 물질이 '택솔의 대사경로와 같다 그리고 중간대사물이다' 라고 단정적으로 말할 수 있는 단계는 아니지만 분명히 이 5개의 효소 유전자들이 택솔을 만드는데 관여하는 것은 확실하기 때문에 일단 합성을 해서 이러한 중간결과를 얻어내는 것이다. 앞으로 이를 바탕으로 하여 택솔 생합성 과정도 모두 밝혀질 것이며 이렇게 되면 완전한 택솔의 합성생물학적 생산이 가능하게 될 것이다(그림 12.12).

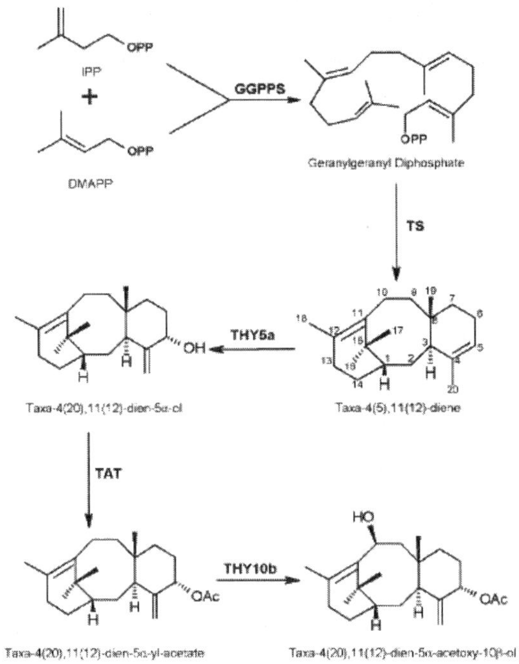

그림 12.12 Taxadine-5α-acetoxy-10β-ol 합성을 위한 대사경로 재구성 (DeJong *et al.*, 2005)

학습정리

1. 합성생물학은 컴퓨터과학이 온 세상을 근본적으로 변화시켰듯이 엄청난 변화를 초래할 것이다.
2. 바이오플라스틱 생산의 예에서 볼 수 있듯이 화학물질 생산 기술이 화학적인 방법에서 합성생물학적 방법으로 전환되고 있다.
3. 기존 치료제 또는 여러 바이오 신약들이 합성생물학적 방법으로 개발 또는 생산되고 있다.

참고문헌

12.1 화학공업

EU, 2005. http://www.cordis.lu/nest/home.html

http://www.genencor.com/wt/gcor/meta

http://www.amyrisbiotech.com/isoprenoids.html

Martin, V.J., Pitera, D.J., Withers, S.T., Newman, J.D., and Keasling, J.D. 2003. Engineering a mevalonate pathway in *Escherichia coli* for production of terpenoids. *Nat. Biotechnol.* **21**: 796-802.

http://peacecorpsonline.org/messages/messages/2629/2070903.html

http://www.nemc.org/infdisease/faculty_individuals/davidson_hamer.html

http://www.mja.com.au/public/issues/182_04_210205/dav10876_fm.html

12.2 의약품

Pitera, D.J., Paddon, C.J., Newman, J.D., and Keasling, J.D. 2007. Balancing a heterologous mevalonate pathway for improved isoprenoid production in *Escherichia coli*. *Metab. Eng.* **9**: 193-207.

Martin, S., Bryant, G., and van Megen, W. 2003. Observation of a smecticlike crystalline structure in polydisperse colloids. *Phys. Rev. Lett.* **90**: 255702.

DeJong, R.J., Emery, A.M., and Adema, C.M. 2004. The mitochondrial genome of biomphalaria glabrata (Gastropoda: Basommatophora), intermediate host of *Schistosoma mansoni*. *J. Parasitol* **90**: 991-997.

http://www.ccmn.ufrj.br/curso1/downloads/Alcal%C3%B3ides.ppt

13장 합성생물학의 응용 분야

2007년 11월 24일 스페인에서 개최될 예정인 European Conference on Synthetic Biology (ECSB).

13장 합성생물학의 응용 분야

학습목표

바이오에너지, 백신, 치료제, 바이오센서, 줄기세포 연구 분야 등에 어떻게 합성생물학이 응용될 수 있는지 알아보고 최근 주목받고 있는 나노바디(nanobody) 기술의 이해 및 활용 가능성에 대하여 생각해 보도록 하자.

12장에서 다룬 화학물질과 의약품에서의 성과에 이어 좀 더 다양한 응용분야에 대해서 자세히 살펴보자. 에너지 분야에 있어서도 석유보다는 좀 더 환경친화적인 그리고 공해가 없는 대체 에너지(청정에너지, 바이오에너지) 생산 쪽으로 관심이 모아지고 있다. 특히 석유 고갈에 대비하여 대체 에너지 개발이 최근 급부상하고 있다. 에너지뿐만 아니라 환경 생태계가 깨졌을 때 이를 원상태로 복원하는 생물치유법역시 매우 중요한 문제로 인식되고 있다. 또한 합성생물학은 우리가 요구하는 기능을 가지고 있는 새로운 바이오시스템을 만들어 내는 것이기 때문에 새로이 합성한 바이오시스템에 의해서 여러 가지 백신으로서의 기능이나 약재를 운반하는 시스템으로서 기능, 혹은 바이오센서(biosensor)의 역할, 그리고 조그마한 로봇 형태의 바이오로봇 기능을 수행하는 등의 다방면의 활용이 가능할 것이다.

또한 바이오테러(bioterror)에 대한 방어책으로써의 생물적 방어와 같은 문제를 다루는 바이오세큐리티(biosecurity) 즉, 안전 문제 역시 합성 생물학의 주요 응용 분야이다 이 뿐 아니라 생물학 생물공학 등 모든 분야가 합성생물학의 응용분야인 것이다. 기초학문적인 측면에서 중요성을 생각해보면 자연적인 생물계를 이해하는데 많은 어려움이 있다. 이에 합성생물학적인 방법으로 합성한 생물계를 이용하여 그 행동을 비교 관찰한다면, 그 동안 모르던 것을 알 수 있게 될 것이다. 또한 생명의 기원에 대해서도 많은 학설이 있지만 이것을 실질적으로 만들어봄으로써 생명의 기원에 대해서도 많은 이해를 할 수 있을 것이다.

13.1 생물정제

정제 (Refinery)라고 하는 개념은 오늘날 정유사에서 하는 것과 유사한 방식으로 바이오매스 (biomass)를 처리하자는 것으로 여러 물질들이 섞여있는 것으로부터 순수한 물질 또는 다양한 용도로 물질을 만들어내는 것이다. 정유사의 경우를 볼 때 석유의 경우 대략 1000여가지 이상의 화합물들이 혼재되어 있다. 이렇게 많이 섞여 있는 석유로부터 정유사들은 여러 가지 중요한 석유 화학 제품을 만들기 위한 순수한 원료들도 많이 뽑아서 사용하고 있고 이러한 과정에서 휘발유라든가 등유라든가 디젤 등의 많은 연료들도 같이 만들어내고 있다. 이러한 정유회사의 공정을 모방해서 순수한 화학물질을 뽑아낼 때에만 이용하는 것이 아니라 지구상에 있는 많은 바이오매스로부터 좀 더 바이오매스를 효율적으로 그리고 친환경적으로 이용하기 위해서는 정유회사처럼 한 종류의 바이오매스부터라도 다양하게 활용 가능한 화학물질을 정제해야하고 또 이 과정에서 연료라든가 에너지 같은 것도 동시에 얻어낼 수 있는 바이오매스 전환 개념이 바로 생물정제이다. 생물정제에서는 하나의 바이오매스 공급 원료로부터 하나 또는 여러 종류의 정제된, 부피 상으로는 작더라도 가치상으로는 매우 높은 화학 물질을 순수하게 분리 정제해서 활용할 뿐 아니라 이 과정에서 가치는 조금 낮지만 많은 양을 얻어낼 수 있는 연료라든가 혹은 이 과정에서 전기에너지를 얻어서 판매한다거나 또는 자체 내의 전력으로써 사용하는 이런 다양한 공정이 같이 돌아가는 바이오 정제 개념이 필요하다(그림 13.1).

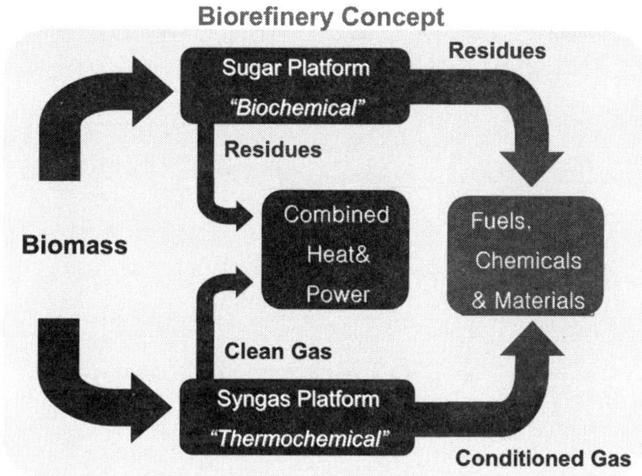

그림 13.1
생물정제의 개념도
(http://www.nrel.gov/biomass/biorefinery.html)

13.2 바이오에너지

바이오에너지 (bioenergy)에 관해서는 주로 메탄, 수소, 바이오디젤, 그리고 최근에는 석유를 생산하는 미생물을 합성생물학적으로 개발하는 연구가 주목을 받고 있다. 이 중 수소가스에 대하여 살펴보자. 이 수소가스도 굉장히 깨끗한 청정에너지로서 차세대 주요 에너지로 주목을 받고 있다. 현재 수소가스로 이동할 수 있는 자동차의 개발도 이루어지고 있다. 그래서 미국의 Keasling 그룹을 비롯해서 몇 개의 그룹들이 이러한 수소가스를 대량으로 생산해낼 수 있는 미생물을 합성하는 생물학적 방법을 개발하고자 하는 장기 프로젝트가 진행되고 있다. 수소가스를 대량으로 만들어내기 위해서는 3가지 부분의 연구가 필요한데 우선 수소가스를 많이 만들어낼 수 있어야 하며 그리고 이 수소가스를 많이 만들어내는 능력을 가지고 있는 미생물이 이 수소가스를 만드는데 사용하는 원료를 좀 더 싸게 공급할 수 있는 즉, 재활용 할 수 있는 재생 가능한 자원을 쓸 수 있도록 하는 것도 중요하다. 그리고 이러한 능력들을 가지고 있는 박테리아 섀시를 만드는 세 가지 부분의 연구가 필요한데 이 섀시를 만드는데 염색체공학과 유전체공학이 필요하며 또 숙주의 안정성이 중요한 요인이 될 수 있다. 주로 재생 가능한 자원을 사용하는 것은 지구상에 가장 많은 것이 셀룰로오즈(cellulose) 계열의 바이오매스기 때문에 셀룰로오즈 분해에 관련된 여러 가지 기능들을 연구하고 그 능력을 증대시키는 방향의 연구가 필요하다. 가장 중요한 것은 역시 수소 생산 능력이다. 수소 생산 능력을 증대시키기 위해 수소 생산 경로의 연구에 대해 좀 더 자세한 연구가 필요하며 원치 않는 반응은 제거하여 모든 역량이 수소 생산에 모아지도록 하는 것이 중요하다(그림 13.2, a & b).

그림 13.2
대량수소 생산자

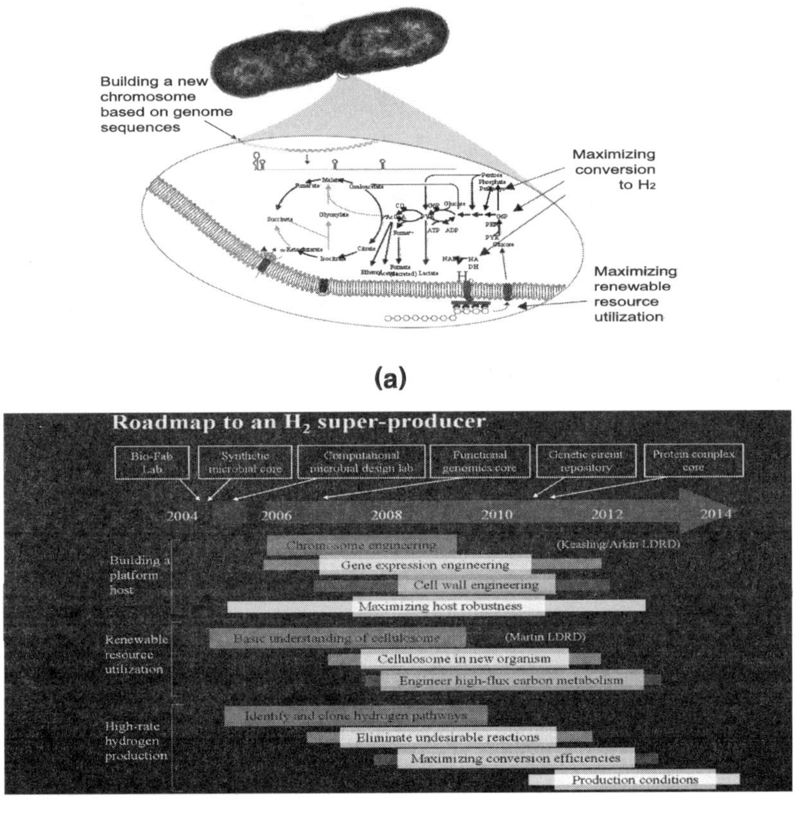

13.3 합성백신(synthetic vaccine)

13.3.1 백신의 종류

우리가 질병에 사용하는 백신에는 여러 가지 유형이 있다. 첫째로 전체 유기체 백신(whole organism vaccine)이 있는데 바이러스 백신과 세균 백신이 포함된다. 이것은 병원체 자체를 쓰는 것인데 병원체는 독성과 병원성이 있기 때문에 불활성화 시켜서 백신으로 쓰게 되는데 이를 사균 백신이라 한다. 일부 경우에는 불활성화 병원체의 백신 효능이 약하기 때문에, 독성을 약화시킨 살아있는 병원체를 이용하는데 이를 약독 생백신(attenuated live vaccine)이라 한다. 그러나 전체 병원균을 사용하는 경우에는 여러 가지 안정성, 위험성의 문제가 따르기 때문에 좀 더 안전한 합성 백신 생산에 주력을 하고 있다. 그 중 하나가 서브유닛(subunit) 백신인데 항원만을 유전자 조작 방법을 통해서 대량 생산해 백신으로 이용하는 것이다. 그 외에도 바이러스 운반체를 이용한 백신 등 여러 가지가 있는데 우리가 중요하게 다룰 부분은 DNA 백신이다.

13.3.2 백신 기술의 비교

백신에는 생백신(약독백신), 항원만을 분리 정제하여 만든 재조합 서브유닛 백신, 바이러스나 바이러스와 유사한 물질을 사용하는 즉, 바이러스 운반체를 사용하는 백신, DNA 백신이 있으며 이러한 백신들에는 각각 장단점이 있다. 이 중 합성생물학과 관련하여 주목을 받고 있는 것이 DNA 백신이다. DNA 백신은 쉽게 설계하고 이를 통해 좋은 것을 만들 수 있을 뿐 아니라 보존성 안성정이 우수하며 만들기도 편하고 비용이 낮아 다양하게 활용되고 있다. 그러나 면역원성 효능을 증가시키는 것이 현재로써 필요하다. 이 DNA 백신은 다른 백신과 마찬가지로 체액 면역이나 세포내 면역을 유도할 수 있다. 그래서 DNA가 세포 안으로 들어가서 핵 안으로 들어가게 되면 mRNA

가 만들어지게 되고 여기에 해당되는 단백질이 만들어지게 되는데 이 단백질들은 세포 내에서 파괴되어 일부는 바깥으로 분비되고 이 분비된 것은 B 세포(B cell - 백혈구 중 항체를 생산하는 세포)를 활성화 시켜서 항체를 만들게 되고 일부 부서진 조각들은 CTL (Cytotoxic T cell -세포파괴 역할)과 같은 세포를 자극시켜서 세포내 면역을 유도하는 것으로 알려져 있다(그림 13.3).

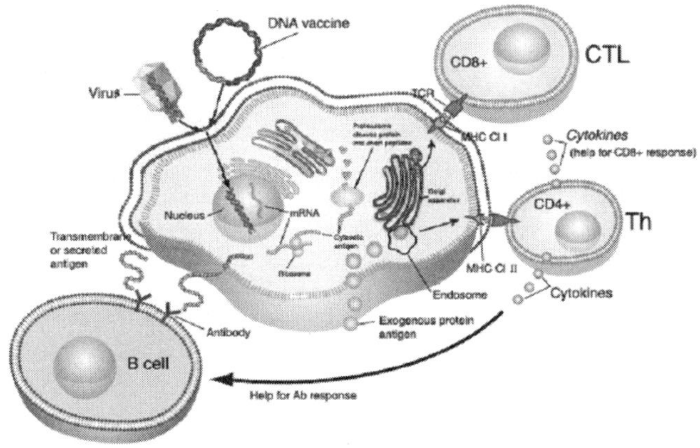

그림 13.3 항원특이체액 및 세포성 면역반응(Liu, 2003)

13.3.3 DNA 백신의 응용

이러한 DNA 백신은 임상, 면역, 치료에 시용되고 있다. 백신이라 하면 보통은 면역을 위한 용도로만 생각하기 쉬운데 실제로는 치료용 백신도 있다. 일반적인 감염성 질환에 대한 치료용이나 백신으로 사용할 수 있고 암에 대해서도 치료용이나 백신으로 사용할 수 있으며 또한 자가 면역질환(autoimmune disease)이나 알러지에도 사용되고 있다. 뿐만 아니라 기초 응용 학문적인 도구로써도 사용되고 있는데 기능적 유전체학에서 항원을 동정하는데 사용되거나 단백질체학에 활용될 수 있고 다클론 항체(polyclonal antibody)나 단일클론 항체(monoclonal antibody)를 만드는 데도 사용될 수 있다.

13.3.4 이세대 DNA 백신

이러한 다양한 응용성을 가지고 있는 DNA 백신은 동물에서는 많은 실험을 통해 그 효과가 증명되었다. 그러나 사람에서는 여러 가지 감염성질환, 암, 자가 면역질환, 알러지 등의 많은 치료에 활용하고 있지만 아직까지는 면역원성이 좀 낮다는 보고가 있다. 그래서 DNA 백신에 있어서 차세대 DNA 백신은 면역원성을 증가시키는 즉, 면역반응을 훨씬 더 증강시키는 방향의 연구가 반드시 필요하다(그림 13.4).

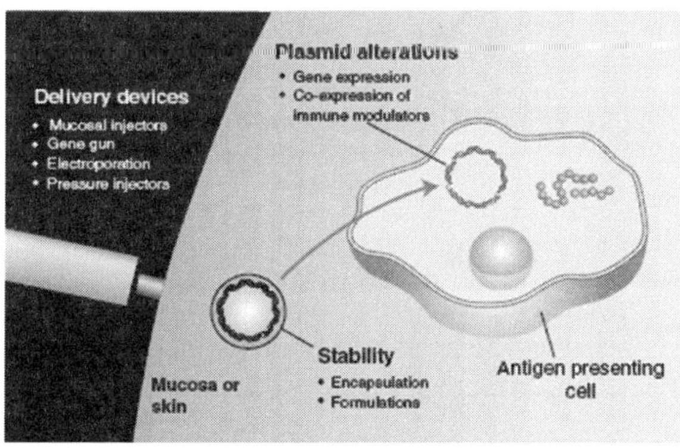

그림 13.4
이세대 DNA 백신
(Liu, 2003)

이런 면역성을 증강시키기 위한 차세대 DNA 백신들은 여러 방면에 있어서의 연구가 필요하지만 가장 먼저 백신을 어떻게 전달해 줄 것이냐 하는 것을 생각해야 한다. 주사를 이용하는 방법에 비해서 새로운 여러 가지 유전자 총(gene gun)이나 전기천공법, 압력을 이용한 방법 등을 연구하고 있다. 다음으로는 안정성이다. 넣어준 DNA가 쉽게 파괴되면 면역 효과가 떨어지기 때문에 적절한 재료로써 DNA를 감싸는 것과 같은 방법을 통해서 안정성을 높여 주어야 한다. 다음은 APC(antigen presenting cell)에 들어갔을 때 유전자 발현이 잘 되게 하는 동시에 면역원성을 증가시키기 위한 사이토카인과 같은 다양한 면역 조절자를 같이 발현시켜줌으로써 면역성을 증강시키는 방향의 연구가 필요하다.

13.4 생물치료제

생물치료약물(live therapeutic agent)은 살아있는 치료제를 말하며 어떤 것들이 여기에 속하는지 알아보자. 크게 바이러스와 세균으로 나뉜다(그림 13.5).

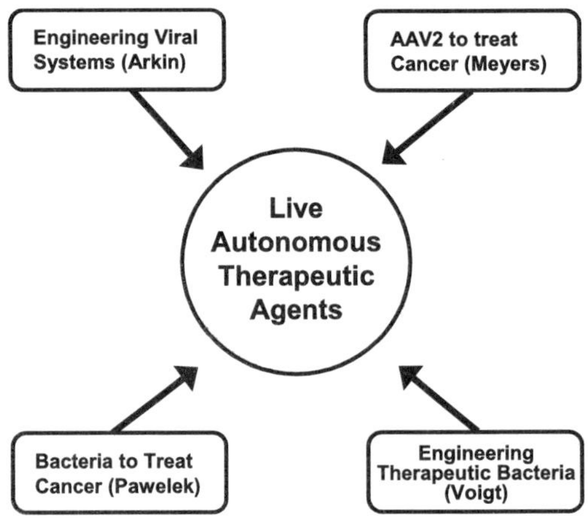

그림 13.5
생활치료약물

AAV(아데노 결합 바이러스)로 암을 치료하거나 유전자 치료(gene therapy)의 전달시스템으로써 이용하는 등 바이러스에 대해 많이 연구되고 있다. 치료용 세균(therapeutic bacteria)은 여러 가지 목적으로 활용된다. 그림 13.6에서 볼 수 있듯이 *Lysteria*라고 하는 세균은 유전자 치료를 할 때 목표하는 곳에 DNA를 전달해주는 시스템으로 사용한다. 또한 이질을 일으키는 *Shigella*, 장티푸스를 일으키는 *Salmonella* 같은 것들은 세균에 의해 일어나는 병을 예방하기 위한 생백신으로 사용하고 있다. 또한 면역요법은 *Mycobacterium bovis* BCG가 널리 사용되고 있다. 세균을 이용한 암 치료도 활발하게 연구가 진행 중인데, 여러 세균들 중에서 특히 *Clostridium novyi*는 종양을 찾아가는 성질이 있다는 것이 밝혀져 주목을 받고 있으며, 생백신으로 이미 사용하고 있는 *Salmonella*를 암을 치료하는데 활용하고자 연구중에 있다. 암을 치료하기위해서 *Salmonella*가 암

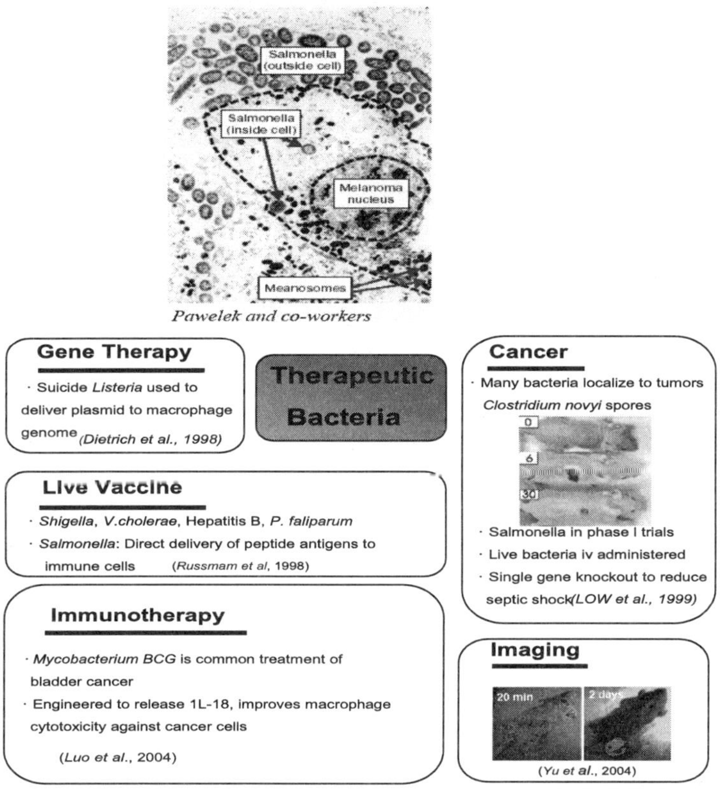

그림 13.6
치료용 세균
(Voigt and Keasling, Life engineering - August, 2005)

을 목표로 암을 찾아가 는 능력을 갖도록 합성생물학적으로 만든 것이다. 실제로 이 *Salmonella*가 암을 찾아가는지를 알아보기 위해서 보고자로서 루시퍼라제(luciferase)를 발현할 수 있는 *Salmonella*를 사용하였다.

*Salmonella*를 혈관에 주사했을 때 20분 후에는 온몸에 *Salmonella*가 퍼져 있는 것을 볼 수 있고 약 이틀정도 지나면 암 조직에 *Salmonella*가 모두 모여 있는 것을 눈으로 확인할 수 있다. 이것은 바로 *Salmonella*가 암을 찾아 가도록 합성생물학적으로 조작을 했기 때문인데 이러한 능력을 갖는 *Salmonella*를 만들어서 암을 치유해보자 하는 것이 목표이다. 이러한 치료용 세균을 만들기 위해서 이런 세균을 어떻게 설계를 하고 만들어 줄 것인지 알아보자. 먼저 *Salmonella*를 선택한 이유는 세포 안으로 침투(침윤)할 수 있는 인베이신(invasine)을 만들어낼 수 있는 성질을 갖고 있기 때문이다. 정상세포에 들어가면 안 되기 때문에 우선 암세포를 찾아가고 암세포에 도달하면 암세포를 침투하도록 해야 한다.

또한 *Salmonella* 여러 마리가 들어가야 효과가 있기 때문에 이 세균이 혼자 있을 때에는 인베이신이 발현되지 않고 세균 여러 마리가 찾아왔을 때 즉, 많은 개체군을 이루었을 때(암세포를 모두 추적해서 모두 모였을 때) 동시에 인베이신 발현을 하고 암세포를 침투해서 결국 암세포 안에서 치료 물질(약물)을 분비하고 이 암세포를 죽이는 역할을 하도록 설계를 하려는 것이다(그림 13.7).

그림 13.7
치료용 세균
(Voigt, Life engineering – August, 2005)

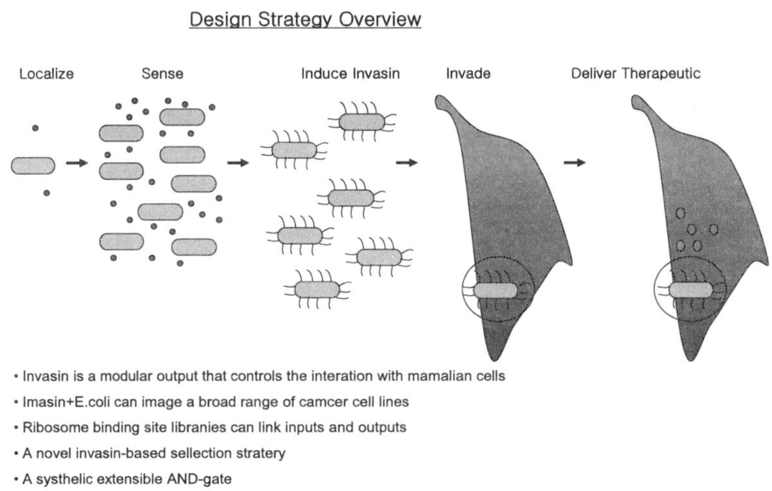

Keasling을 포함한 여러 합성생물학자들이 만든 'Synberc'라는 단체가 있는데 이 Synberc에서는 합성생물학으로서 종양을 치료할 수 있는 박테리아를 만들어 보고자하는 연구가 진행 중이다. 즉, 우선 종양을 찾아가게 한 다음에 그 다음에는 종양 안에 침투하고, 종양 안에서 약재를 분비하여 종양을 죽이는 두 단계로 나누어 볼 수 있는데, 먼저 첫 단계를 간단히 살펴보도록 하자. 전체 설계도면 중 종양을 찾아가는 미생물을 만드는 부분이다(그림 13.8).

많이 모였는지를 알 수 있다는 것은 정족수 인식자이다. 정족수 인식자를 이용하여 개체군 크기를 감지하고 결국 종양세포로 많은 세균들이 찾아왔는지를 알아본다. 그 다음에 이것이 암세포인지 아닌지를 알아보기 위해서 혐기적 활성형 프로모터 (anaerobic-activated promoter)를 사용하게 되는데 이것은 암세포는 산소가 부족한 상태가 유지된다는 것이 알려져 있기 때문이다. 그리고 암 치료는 단순히 한 가지 방법에 의해서 이루어지고 있지는 않다. 방사선 치료, 약물 치료, 등의 여러 가지 방법에는 장단점이 있으므로 이들을 병행하여 치료하게 되는데 세균에 의한 치료도 단독으로 이용하는 것보다는 병행하는 것이 더 효과가 좋을 것이다. 그래서 방사선을 조사한 그 부위에서만 이런 유전자들이 발현되도록 방사선 활성형 프로모터(radiation-activated promoter)를 사용하여 암세포에 대한 특이성을 부여하는 것이다. 그리고 이러한 조건을 찾아갈 수 있도록 운동성을 가져야 하는데 이런 운동성과 센서를 연결해야 하고 또 찾아간 다음에는 침투해야하는데 침투하는 것도 결국은 여러 가지 조건에 의해서 영향을 받도록 해주어야 한다. 그 다음에 이러한 능력들을 담고 있는 섀시라는 측면에서 보면 보통 일반적으로 대장균을 사용할 경우 대장균에 있는 LPS(Lipopolysaccharide)의 지질 A가 충격을 주기 때문에 염증 반응을 일으키기도 한다. 그래서 이러한 지질 A를 변형시킨 안전한 대장균 섀시를 만드는 것도 필요하다. 그리고 찾아간 다음에 여러 가지 암세포를 최저로 줄이기 위한 여러 가지 전략들이 부가되면 종양사멸 세균이 될 수 있을 것이다(그림 13.8).

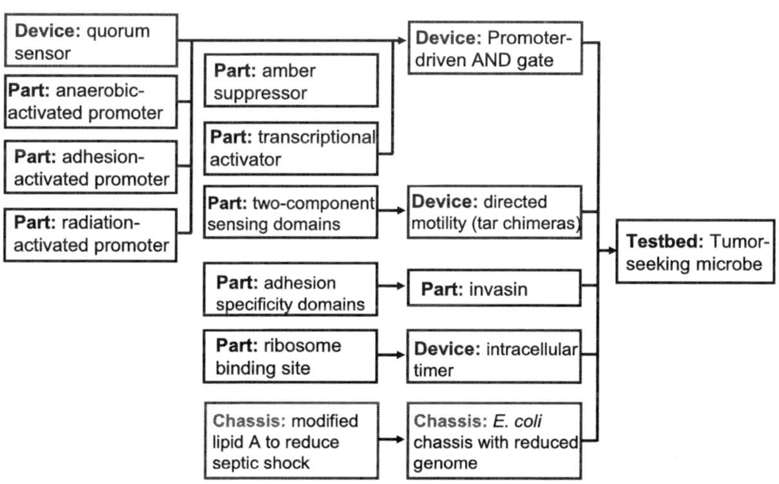

그림 13.8
종양사멸세균

13.5 바이오센서

바이오센서는 여러 방면으로 활용이 가능하며 일반적인 목적의 바이오센서뿐 아니라 생물 방어와 관련된 바이오센서들도 많은 관심을 가지고 있다. 그리고 지뢰도 사회적인 문제가 되고 있다. 특히 베트남 부근에 있어서는 아주 심각한 상태이며 우리나라의 경우에는 비무장지대에 아주 많은 지뢰가 있어서 문제가 되고 있다. 여기서 보여주는 것은 합성생물학의 가능성을 보여 주기 위한 하나의 시도로써 TNT 감지 바이오센서를 설계한 예이다. 센서를 만들 때 여러 가지 생물학적 부품을 이용할 수 있는데 그 부품들을 적절히 조합을 해서 유전적인 회로를 만들게 된다. 그 회로를 세포에 넣어주는데 어떻게 만들 것인지 알아보자. 첫 번째 미생물은 TNT 농도가 높을 때에는 빨간색을 나타내도록 하고 두 번째 미생물은 TNT가 중간 정도의 농도일 때 노란색을 띄게 하고 또 세 번째 미생물은 농도가 낮을 때 녹색을 띄게 하는 세 가지의 미생물이 있다면 이 세 가지 미생물들은 TNT가 있는 주변에 동심원을 그리면서 녹색, 노란색, 빨간색 이렇게 색을 띄게 되고 결국 지뢰가 위치하고 있는 부분을 정확하게 눈으로 확인할 수 있다는 것이 기본적인 생각이다(그림 13.9).

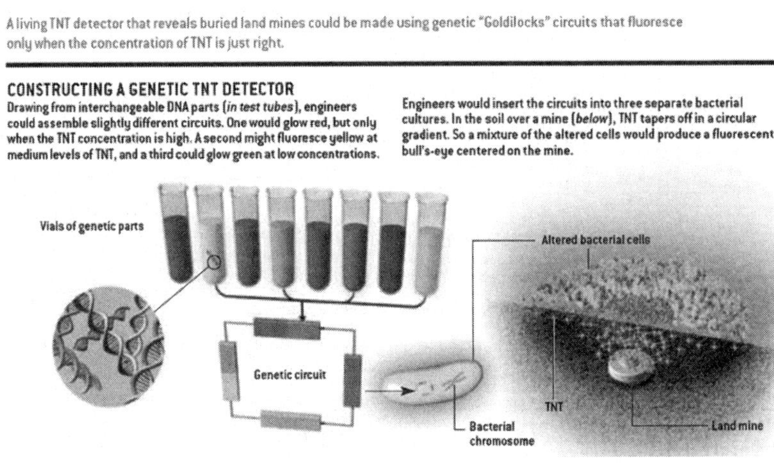

그림 13.9
TNT 탐침(TNT detector)

13.6 나노바디(Nanobody)

치료제나 바이오센서 등에서 항체가 매우 중요하게 사용되고 있는데 항체 기술의 새로운 연구 결과를 살펴보도록 하자.

13.6.1 낙타와 라마의 항체(Camel & Llama antibodies)

항체는 사람 항체의 경우에는 중쇄(heavy chain) 2개와 경쇄(light chain) 2개가 결합을 해서 하나의 항체를 이루고 있고 경쇄는 가변부위(variable segments)과 보체결합부위(complement binding site)의 두 개이 지역으로 이루이지 있다. 중쇄는 가변부위(VH - variable segments의 heavy chain)과 보체결합부위(C_H - complement binding site의 heavy chain) 두 개로 이루어져 있다. 중쇄의 가변부위인 V_H와 경쇄의 가변 부위인 V_L(variable segments의 light chain) 부분이 서로 상호작용 하면서 항원과 특이적인 결합을 하게 되어있고 주로 CH_2 지역에 글루코실화 되어 있다. 항체는 특정 항원과 아주 특이적으로 결합할 수 있는 능력이 있기 때문에 특정 단백질을 찾는데 혹은 감지하는데 아주 중요하게 사용될 뿐 아니라 단백질을 가지고 있는 암세포 같은 것을 찾는데 매우 중요하게 사용되고 있다. 그런데 이 항체 자체는 매우 크기 때문에 다양하게 조작하고 활용하는데 제약이 따른다. 그래서 항원 결합 절편(antigen binding fragment-Fab)만 떼어내어 이용하기도 하고 이것이 약간 불안정하기 때문에 이들 사이에 인위적인 폴리펩티드로 연결하여 하나의 단 가닥 사슬 절편을 만들고 가변부위의 단 가닥 사슬 절편을 만들어서 커다란 항체를 대신하여 사용하고 있다(그림 13.10).

그런데 최근 낙타라든가 라마에 있는 항체를 연구하다 보니 낙타나 라마의 경우는 경쇄가 없이 중쇄만으로 이루어져 있다는 사실을 알았기 때문에 낙타나 라마의 항체를 중쇄 항체(HCAb-heavychain antibody)라고 한다. 이 중쇄 항체는 3개의 영역으로 이루어져있고 그 중 항원과 결합하는 가변 부위는 VHH (Variable domain of the

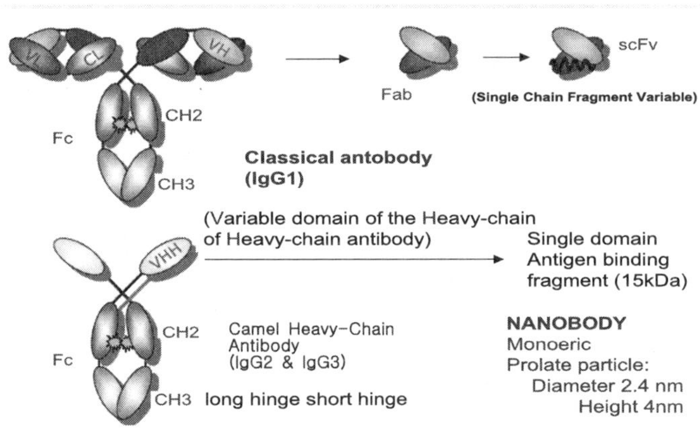

그림 13.10
낙타와 라마의 항체

Heavy-chain of Heavy-chain antibody)라고 한다. VHH라고 하는 것은 중쇄의 가변부위와 중쇄 항체에서 따온 말이다. 그리고 보체결합부위가 두 영역으로 이루어져 있다.

이 면역글로불린 G를 분류할 때 사람의 항체는 IgG1, 낙타의 중쇄 항체는 IgG2와 IgG3에 속하는데 IgG2는 경첩 부분이 비교적 긴 형태를 띠고 있고 IgG3는 경첩 부분이 좀 짧은 형태를 띠고 있다. 그래서 낙타와 라마의 중쇄 항체로부터 알 수 있는 것처럼 이 VHH 영역만 가지고도 항원과 결합할 수 있는 능력이 있기 때문에 단일 지역 항원 결합절편 즉, VHH 부분만을 잘라서 단일 지역 항원 결합 절편을 만들어서 활용할 수 있다.이것을 나노바디라는 이름으로 부르고 있다. 이나노 바디는 모노머이며 크기는 직경이 2.4 nm, 길이는 약 4 nm 정도의 아주 작은 나노바디이다.

13.6.2 나노바디의 장점

이 나노바디도 항원과 특이적인 결합을 할 수 있는데 기존의 다른 항체나 항체 유도체와 비교했을 때 어떤 면에서 유리한지 알아보자. 나노바디는 굉장히 크기가 작기 때문에 상당히 특이적인 항원·항체 결합이 일어 날 수 있다. 특히 효소와 수용체 같은 큰 것들은 접할 수 없는 그런 숨겨진 부분의 항원결정기(epitope)를 인식할 수 있다. 때문에 그런 것들은 상당히 특이적인 부분이 될 수 있다. 그래서 좀 더 특이적인 항원결정기를 즉, 특이적인 나노바디를 만들어낼 수 있다. 특히 효소와 수용체 같은 단백질에 있어서는 특이적인 결합 부분이 보통 함몰되어져 있기 마련이다. 이러한 좁은 함몰된 지역에도 나노바디는 작기 때문에 들어가서 결합할 수 있다. 이로써 결국 효소이나 수용체의 어떤 기능을 저해하거나 촉진하는 역할을 할 수도 있다는 점에서 상당히 주목을 받고 있다. 또한 크기가 작고 단일체이기 때문에 굉장히 산에도 강하고 안정성을 보이므로 경구투여도 가능하다.

그래서 이러한 나노바디는 상당히 여러 가지 측면에서 우리가 조작하고 새로운 약 그리고 효과적인 약을 만들고 발견하는데도 활용할 수 있을 뿐 아니라 생산하기도 아주 쉽기 때문에 다양한 용도로 활용을 할 수 있다.

이러한 특성 외에도 이 VHH 지역은 아미노산으로만 이루어진 작은 펩티드이므로 미생물을 통해서도 쉽게 만들어 낼 수 있기 때문에 저렴하게 만들 수 있다는 중요한 장점을 가지고 있다. 이러한 점에 착안하여 AblynX사는 나노바디 기술특허를 내서 창업을 했다. VHH만을 가지고서 여러 가지 용도로 활용하겠다는 것이다(그림 13.11).

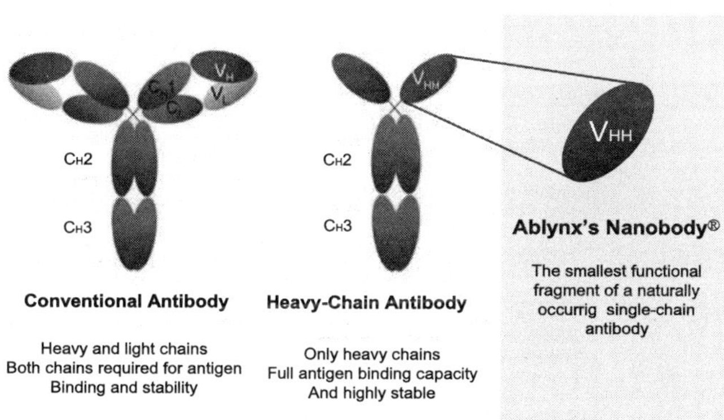

그림 13.11
나노바디의 이점

scFv와 Fab와 나노바디의 성질을 비교해 보면 나노바디가 여러 가지면에서 우수하다는 것을 알 수 있는데, 훨씬 더 효율적으로 항원을 구별해 낼 수 있으며 발현을 많이 시킬 수 있다. 그리고 안정성과 용해도도 훨씬 높다.

13.6.3 특이 단백질 검출을 위한 탐침

이러한 나노바디는 여러 방면에 사용될 수 있으며 현재까지 항체를 사용하던 모든 분야를 대신해서 사용할 수 있다. 그 중에서 바이오센서 부분과 연계된 것을 한 가지만 살펴보도록 하자. 나노바디는 목표가 되는 단백질 항원에 아주 민감한 검출 용도로 탐침으로써 사용할 수 있다. 그래서 마이크로어레이라든가 바이오센서, 생물 칩(biochip)을 이용한 진단용으로써 널리 활용될 가능성이 있다. 현재로서는 단일 클론 항체나 그 유도체들을 가지고 만들고 있지만 이제는 나노바디로 대체될 가능성이 상당히 높아졌다.

한 예로 전립선암을 통해 살펴보자. 전립선암은 미국에서 상당히 위험한 암이며 우리나라에서도 많은 환자들이 있는 것으로 알려져 있다. 이 암은 초기에 발견하면 쉽게 완치를 할 수 있기 때문에 특히 조기 진단이 매우 중요하다. 이 조기 진단을 위해서 주로 사용하는 전립선암에 특이적인 항원을 검출하게 되는데 인간 전립선 특이 항원(human prostate specific antigen-hPSA)라고 부른다. 이 hPSA를 조기에 진단하는 방법을 나노바디를 이용하여 살펴보도록 하자. 먼저 조기 진단을 하기 위해 우선은 위 음성이나 위 양성율이 극히 낮아서 진단의 감도가 뛰어나야 한다. 그 다음에 암이 2기, 3기로 발전하기 전인 아주 조기에 발견할 수 있는 기술이어야 한다. 또한 악성 종양인지 양성 종양인지를 구별할 수 있는 능력이 있어야 하며 가장 중요한 것은 값이 저렴하고 신속하게 측정할 수 있어야 할 것이다. 이를 적용한 나노바디의 바이오센서 진단 키트 만드는 것에 대해 살펴보자. 먼저 나노바디는 낙타나 라마에서 얻을 수 있기 때문에 면역성을 주어 항원으로 면역을 시킨 다음에 피를 채혈하고 림프구를 얻어낸 다음 림프구에서부터 mRNA를 추출하고 RT-PCR을 통해서 유전자들을 클로닝하는 라이브러리를 만들게 된다. 다양성을 증가시키기 위해서 라이브러리는 10^7 정도의 형질전환체가 될 때까지 만들고 10^7 정도의 라이브러리를 가지고 특정 항원에 특이적인 VHH를 만들어내는 형질전환체를 찾아내게 된다. 이 후 찾아낸 클론은 원하는 항원에 특이적인 VHH를 만들어낸 다음 서열을 알아내고 이 서열에서 특히 가변부위가 한 군데 있고 이외에도 가변부위가 두 군데 정도 더 있을 것이다. 이중 특히 변동이 심한 가변부위에 대한 합성 라이브러리를 만들어서 이 패닝에 의해 얻은 것보다 더 좋은 친화도를 갖는 나노바디를 합성 생물학을 이용하여 만들어 낼 수 있다(그림 13.12).

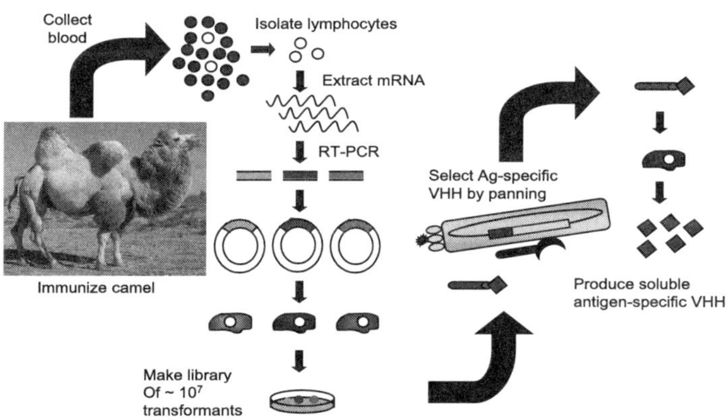

그림 13.12 특이VHH와 항원의 선별 (Selection of antigen-specific VHH)

이렇게 hPSA를 인식할 수 있는 나노바디를 얻어서 ELISA 방법이나 바이오센서에 활용했을 때에도 단일 클론 항체보다는 낙타에서 얻은 HCAb의 우수성을 알 수 있고 또 변형한 유도체에서도 일반적인 항체에서 만든 scFv보다 낙타의 HCAb로부터 만든 VHH가 우수한 것을 볼 수 있다. 마찬가지로 바이오센서에 올려서 특이성을 봤을 때에도 단일 클론 항체에 비해서 scFv가 우수하고 scFv에 비해서 VHH가 더 우수한 것을 볼 수 있다(그림 13.13).

이러한 탐침은 센서를 만들 때 안정성이 상당히 중요한 요인이 되

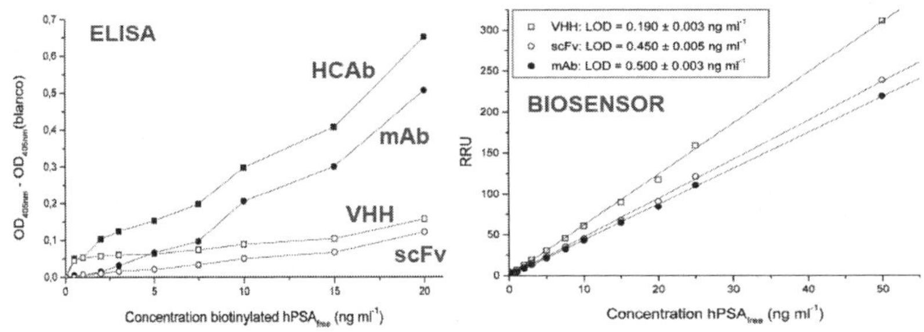

그림 13.13 탐침 안정성의 중요성

는데 나노바디는 특히 pH에 매우 강하기 때문에 여러 번 재활용 할 수 있다는 점에서 다른 단일 클론 항체보다 훨씬 더 우수함을 보여주고 있다(그림 13.14).

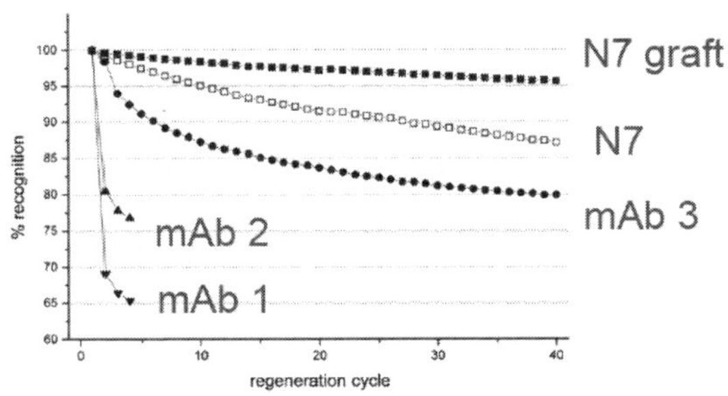

그림 13.14 탐침 안정성의 중요성

13.7 줄기세포공학

다음은 요즘 굉장히 많은 주목을 받고 있는 줄기세포와 관련된 내용이다. 줄기세포들은 세포내에서 분화에 관련된 유전자의 발현, 조절이라든가 주변 세포와 세포의 신호 과정을 통해서 특이적인 많은 기관으로 혹은 조직으로 분화하게 된다.

그래서 이러한 분화 과정을 이해하는 것이 굉장히 중요하고 특히 특정 조직이나 기관으로 분화시키기 위해서는 분화과정을 잘 제어하는 것이 굉장히 중요하며 관건이 되고 있다. 그래서 이런 줄기세포를 분화라든가 세포와 세포 간 통신의 여러 가지 논리 회로를 만들어서 특이적으로 조절할 수 있으면 원하는 조직이나 기관을 만드는 데 많은 기여를 할 수 있을 것이다. 그래서 Voigt와 Keasling 그룹들은 현재 줄기세포를 가지고 합성생물학적인 연구 방법을 활용하여 연구를 진행하고 있다(그림 13.15).

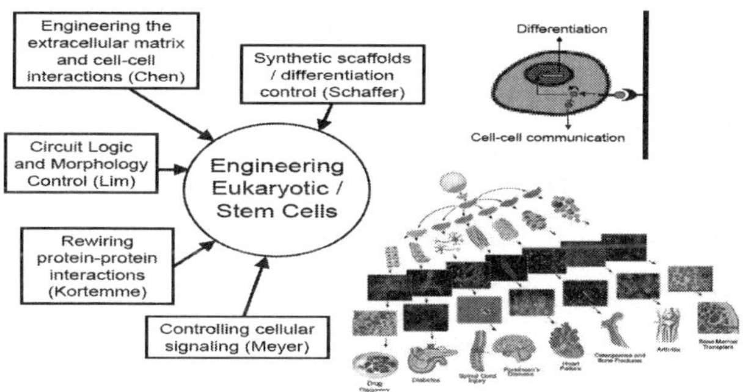

그림 13.15 줄기세포공학(Voigt and Keasling, Life engineering-August, 2005)

학습정리

1. 합성생물학은 수소가스나 바이오 디젤과 같은 바이오에너지 개발에 활용되고 있다.
2. 합성생물학은 백신 특히 DNA 백신 생산에 매우 유용하다.
3. 바이오센서, 특히 나노바디를 이용한 바이오센서가 주목받고 있으며, 줄기세포의 연구 개발에도 합성생물학이 필수적으로 이용될 것이다.

참고문헌

13.1 생물정제

http://www.nrel.gov/biomass/bioRefinery.html

13.3 합성백신

Voigt, C.A., and Keasling, J. 2005. Life engineering symposium. August 19-20, University of California, San Francisco, Mission Bay Campus.

Liu, H.L., Wu, Y.Z., Zhao, J.P., Ni, B., Jia, Z.C., Zhou, W., and Zou, L.Y. 2003. Effective elicitation of anti-tumor immunity by collocation of antigen with encoding gene in the same vaccine. *Immunol. Lett.* **89**: 167-173.

13.4 생물치료제

Voigt, C.A., and Keasling, J. 2005. Life engineering symposium. August 19-20, University of California, San Francisco, Mission Bay Campus.

http://www.synberc.org/testbeds.html

13.5 바이오센서

http://www.mindcontrolforums.com/syntheticlife.htm

13.6 나노바디

http://medgadget.com/archives/2006/09/nanobodies_by_a.html

http://www.genengnews.com/articles/chtitem.aspx?tid=2075&chid=3

14장 합성생물학의 미래

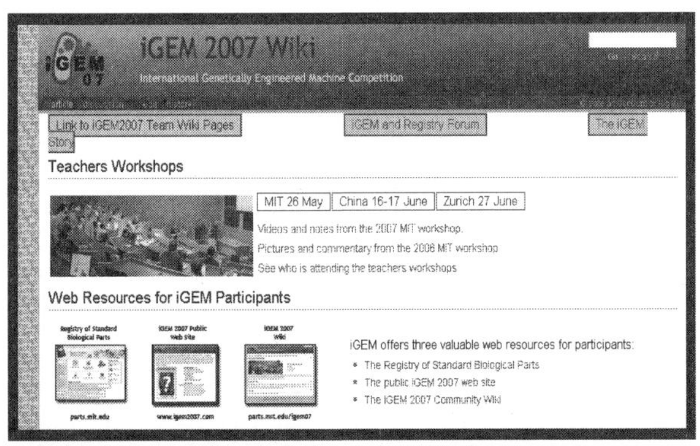

2007년 11월 개최 예정인 iGEM (International Genetically Engineered Machine) 경연대회는 참가팀의 증가에서 알 수 있듯이 학부학생들의 관심도 전 세계적으로 점차 빠른 속도로 늘어나고 있음을 알 수 있다.

14장 합성생물학의 미래

학습목표

무한한 잠재력을 지닌 합성생물학의 발전을 선도하고 주도해 나가는 미국은 어떠한 비전을 갖고 있으며 미국의 독주에 뒤처지지 않고 이를 따라잡기 위해서 EU가 어떠한 대비책을 세우고 있는지 살펴본 뒤 우리나라 합성생물학의 미래를 위해 우리가 어떠한 준비를 해야 하는지 같이 생각해 보도록 하자.

14.1 합성생물학의 근간을 이루는 합성기술

20세기의 생명과학(생명공학)의 가장 중요한 과학적 탐구 방법 중 하나는 분석법이었다. 이것이 21세기에 들어서면서 새로운 과학적 탐구 방법인 합성을 생물학, 생명과학, 생명공학 분야에 도입하기 시작했다. 분석법을 3가지로 나누어 본다면 유전학적 분석을 주로 하고 있는 생체 내 방법이 있고, 생화학적 분석이 주로 이루어지고 있는 생체 외 분석이 있으며, 20세기 말인 10여 년 전부터 도입되기 시작한 생명정보학적 분석인 가상실험 분석이 이루어지고 있으며, 이는 모델링과 모의실험을 기반으로 하고 있는데 이러한 세 가지 분석법에 의해서 20세기 생명과학과 생명공학은 굉장한 발전을 거듭해 왔다.

이제 21세기에 들어서면서 이 분석법에 더해서 하나의 새로운 무기 즉, 과학적 탐구방법인 합성을 활용할 수 있게 되었다. 합성에 있어서 마찬가지로 세 종류로 나누어 볼 수 있다. 생체 내 합성, 생체 외 합성, 가상 실험적 합성이다. 생체 내 합성은 기존의 세포를 기반으로

한 전체 세포 합성생물학이라 할 수 있고 생체 외 합성은 세포를 제외한 합성생물학이다. 다시 말해서 전혀 세포의 힘을 빌리지 않고 아예 bottom-up 즉, 처음부터 여러 가지 부품(재료)으로부터 합성해 내는 철저한 합성방법이다. 현재 생체 내 합성과 생체 외 합성을 위해서 다양한 그룹에서 기초적인 연구가 진행이 되고 있으며, 성과들이 곧 나타날 것으로 예견되고 있다. 그리고 가상 실험적 합성은 합성생물학적이기 보다는 시스템 생물학적 영역에서 주로 다루어질 것이다.

앞으로 주요한 두 가지 연구 방향은 생체 내 합성과 생체 외 합성 방향이다. 이러한 합성에 있어서 가장 핵심이 되는 것은 역시 유전체 합성 부분이다. 그래서 이러한 유전체 합성 부분도 미국에서는 'Synthetic Genomics'라는 회사를 창업하는 기반기술로 활용이 되고 있고 합성생물학 분야에 있어서 핵심적인 기술임에 틀림이 없을 것이다(그림 14.1).

그림 14.1 유전체 합성

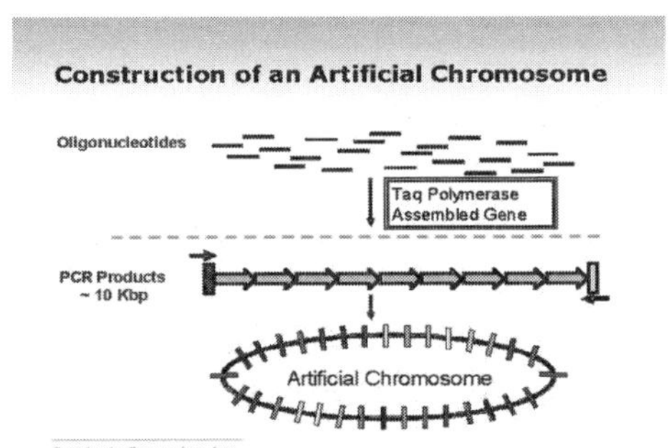

14.2 미국과 EU의 현황

미국과 EU의 현황에 대해서 간단히 살펴보도록 하자. 합성생물학 관련 회사들이 많이 창업되고 있는 미국에서는 최근 바이오팹(Bio Fab)이라는 새로운 개념이 도입되고 있다. 이 팹(fab)이라는 용어는 제작(fabrication)을 뜻하는 말로 반도체 산업에서 반도체 제품을 제작하는 공장을 의미한다. 팹을 만들기 위해서는 굉장히 고가의 장비들을 갖추어야 하기 때문에 많은 자본이 소요된다. 그래서 반도체 칩을 제조/판매하는 모든 회사들이 이러한 팹을 갖출 수 없기 때문에 칩 설계 능력을 갖춘 작은 회사들은 새로운 반도체 제품을 설계한 다음에 팹을 갖춘 주물 공장에 의뢰를 하여 제품을 생산할 수 있도록 설계와 생산이 분업화되어 있다. 이렇게 제3자의 주문을 받아 반도체 칩을 제조하는 반도체 제조업체를 주문생산공장 또는 파운드리(foundry) 업체라고 한다. 또한 앞으로 반도체 공정을 표준화하여 설계에 따른 과도한 경비를 줄이고 다양한 팹에 이식할 수 있게 함으로써 생산비를 절감하게 될 것이다.

합성생물학 분야에서도 생물학적인 부품으로부터 다양한 소자나 시스템들을 생물공학자들이 설계하고 제조할 수 있도록 반도체 산업의 표준화된 생산 공성을 갖춘 공장이 필요하다고 여러 학자들이 공감하여 바이오팹 그룹을 형성하고 체계적인 연구를 진행하고 있다(그림 14.2).

Bio Fab Beginnings

A handful of companies and organizations are already applying engineering principles and tools to commercial biological manufacturing, bringing the fab closer to reality.

COMPANY	FOCUS
BioBricks Foundation Cambridge, Mass.	Promoting open tools, standards and parts for biological engineering
Blue Heron Biotechnology Bothell, Wash.	DNA synthesis
Amyris Biotechnologies Emeryville, Calif.	Engineering metabolic pathways for drug production in microbes
Codon Devices Cambridge, Mass.	Building biological devices
Foundation for Applied Molecular Evolution Gainesville, Fla.	Generating novel proteins and materials
Synthetic Genomics Rockville, Md.	Engineering microbes to produce fuels

그림 14.2 바이오펩 현황

이러한 바이오팹 그룹의 핵심 지역을 담당하고 있는 회사인 'BioBricks Foundation'은 바이오브릭의 기본 개념을 세운 다음에 결과물들이 쌓이면서 세운 별도의 재단으로 이곳에서는 생물학적 부품의 표준화와 표준 제조 공정에 대해서 체계적인 연구를 하고 있으며 이러한 바이오팹에 있어서 현재 가장 중요하며, 기술 수준이 일정한 단계에 오른 것은 DNA 합성 부분이다. DNA 합성 부분의 'Blue Heron Biotechnologies'라는 회사와 'Synthetic Genomics'라는 회사도 유전체 수준에 있어서의 DNA 합성에 대해서 연구를 하고 있고 'Codon Devices'라는 회사도 유전체의 암호 재설계를 기반으로 하여 만들어진 회사이다. 이러한 재설계 기술을 이용하여 'Amyris Biotechnologies'는 여러 가지 중요한 화학 물질과 약재들을 만들어내고 있고 또 단백질과 이 외의 다른 중요한 물질들을 만드는 회사가 만들어지고 있는 것이다. 바이오팹도 많은 투자비용을 요구하기 때문에 작은 회사들이 모두 갖추기는 힘들 것이다. 그래서 주요 제조 기술들을 표준화 한 후에는 바이오파운드리(bio-foundry)를 설립하고 일부 작은 회사에서는 생산 공장을 설립할 필요 없이 특별한 기능을 갖는 생물장치(bio device)를 설계하여 바이오파운드리 업체에 주문 생산하여 판매하면 될 것이다. 우리나라에서도 DNA chip 분야에서 바이오파운드리 역할을 하는 국가적인 주문생산공장이 설립된 바가 있다.

14.2.1 합성유전체학

DNA 합성 부분도 상당히 중요하기 때문에 국가적인 대책을 세워야 할 부분 중 하나이다. 'Synthetic Genomics'라는 회사가 건립되었으며 합성유전체학 자체가 조그만 합성생물학의 분과 영역으로써 새로운 DNA를 합성하는 중요한 부분이라는 것을 이미 배웠다. 이런 유전체 합성은 세균의 오페론, 바이러스의 유전체, 포유류 유전자를 넘어 이미 세균 유전체 합성 시대가 열렸다. 이렇게 눈부시게 빠른 발전이 이루어지고 있는 것이다.

14.2.2 합성생물학관련 국제학술회의

합성생물학의 전문가들이 정보와 기술을 교류하는 합성생물학 국제학술회의도 2004년도에 MIT에서 합성 생물학 1.0이라는 제목으로 열린 바 있다. 그 이후 2006년도에 2.0이 UC버클리에서, 그리고 2007년도에 3.0이 스위스 취리히에서 개최되었고 이제 4차 회의가 2008년 10월 10

일 홍콩에서 개최될 예정이다. 이처럼 합성생물학을 이끌어가고 있는 그룹들이 모두 모인 국제학술회의는 점점 참가 인원이 늘어나고 있으며 기술적 수준도 매우 높아지고 있는 것을 알 수 있다(그림 14.3).

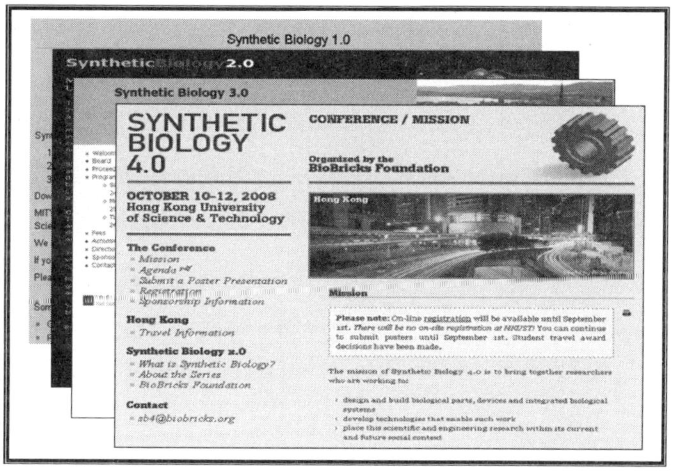

그림 14.3
합성생물학
국제 학술회의

이러한 전문가 그룹의 회의와 동시에 미래의 합성생물학을 이끌어 나갈 꿈나무들을 교육하고 훈련하는 데에도 많은 관심을 기울이고 있으며 그래서 만들어진 대회가 iGEM이라는 대회로 6장에서 간단히 살펴보았다. 다시보자면, iGEM은 학부학생들이 팀을 형성하여 설계를 하고 제작하여 검증을 하는 과정을 거치게 된다. 2004년도에는 MIT를 주축으로 7개 학교가 참가하여 작게 출발 하지만 2005년도에는 14개 학교가 참가 하였고 2006년도에는 37개 학교로 참가하여 매년 참가 학교가 증가하고 있다. 우리나라에서도 2006년도에 충북대학교에서 참가신청을 했지만 여러 가지 이유로 인해 가시적인 결과를 내지는 못하였다(그림 14.4).

2007년도는 57개 팀이, 그리고 2008년도에는 84개 팀이 참가 신청하여 서로의 기량을 겨루기 위하여 준비하고 있다. 이처럼 학부생들의 관심도 전 세계적으로 빠른 속도로 증대되고 있는 상황이며, 2007년도부터는 중국에서 많은 참가 신청을 하고 있는 것을 볼 수 있다.

그림 14.5에서 보는 바와 같이 합성생물학 관련 논문 발표 건수를

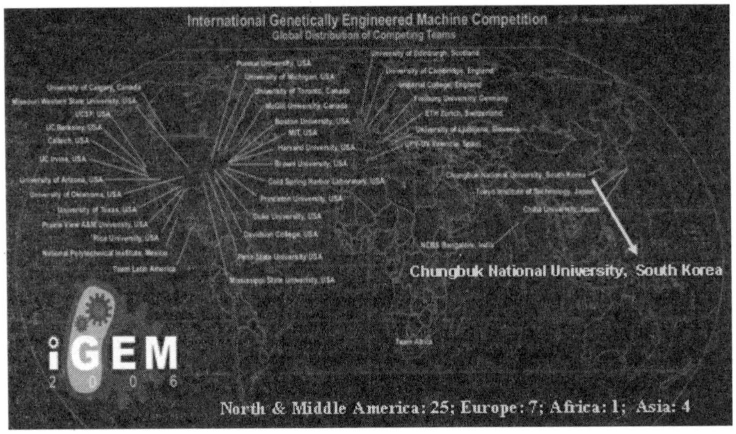

그림 14.4 iGEM-The international Genetically Engineered Machine competition

보면 2000년도에 들어와서 기하급수적으로 늘어나고 있는 것을 볼 수 있고 생체 내, 생체 외, 가상 실험적 영역 골고루 논문이 늘어나고 있다. 초기에는 주로 생체 내 그 다음에 생체 외 영역 그 다음에는 가상 실험적 영역의 논문이 점차 증가되고 있고 이러한 것들이 사회적으로 인식이 되면서 정치적인 또는 법 생명 윤리학적인 관심도 증가하고 있음을 볼 수 있다(그림 14.5).

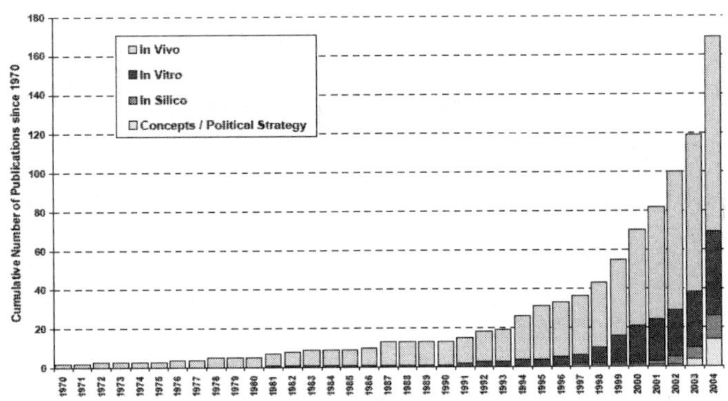

그림 14.5 연도별 합성생물학 논문 발표건수

국가별로 발표건수를 보면 68% 이상이 미국에서 이루어지고 있고 EU가 24%이다. 미국과 EU가 90% 이상을 점유했으므로 대부분이라 할 수 있다. 나머지 이스라엘, 일본, 중국, 인도, 캐나다, 호주, 스위스 등등이 조금 차지하고 있다. 이처럼 합성생물학의 무대가 한두 군데로 치우쳐 있음을 볼 수 있다(그림 14.6).

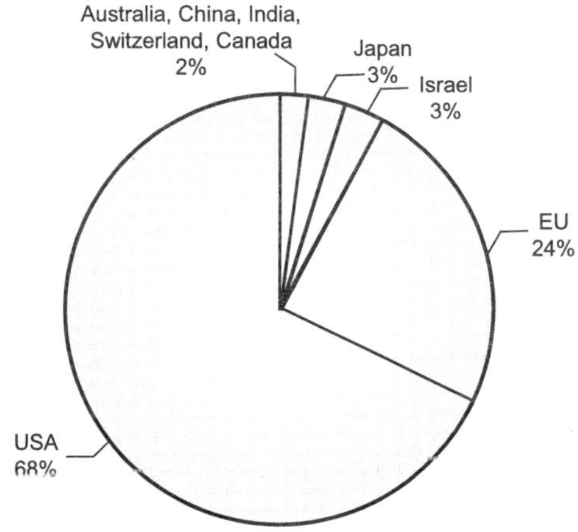

그림 14.6 국가별 합성생물학 논문 발표건수

14.2.3 EU에서의 합성생물학

현재는 미국이 주도를 하고 있어서 이에 대해 EU가 본격적으로 대비책을 세우고 있다. EU의 현황을 간단히 살펴보면 EU에는 연구분야에 투자하고 있는 프로그램이 있는데 그 중에서 NEST라는 프로그램이 새로운 과학과 기술에 투자하는 사업이다. 이 NEST 사업에 215 백만 Euro 예산이 책정되었으며 여기에는 여러 가지 작은 사업이 나누어져 있다. 작은 사업에는 PATHFINDER initiatives라는 사업이 있으며 이 사업은 다른 사업과는 달리 top-down 방식이며 정책적으로 중요하다고 생각되는 분야들을 선정하여 그 분야의 연구자들에게 연구비를 지급하는 사업으로 상당히 긴 장기적인 안목으로 지원해야 할 부분이라고 생각되는 부분과 조기에 자리를 잡을 수 있도록 자금을 제공할 필요가 있는 영역이 사업의 대상이다.

이러한 PATHFINDER initiatives라는 사업에서 2003/2004, 2004/2005, 2005/2006, 2006/2007, 2007/2008년도에 계속 합성생물학 영역이 선정이 되어져 매년 수백억 원의 돈이 투자되고 있고 점점 더 증액이 되고 있는 실정이다. 그리고 2007/2008년도 사업에서 18개의 사업이 진행되고 있다. 이처럼 EU에서 정책적으로 강력하게 추진해 가고 있는 영역 중 하나가 합성생물학인 것을 알 수 있다.

14.3 우리나라의 합성생물학 발전을 위한 대책

미국과 EU의 주도하에 이루어지고 있는 합성생물학 그러나 이 합성생물학은 21세기 생명공학에 있어서 가장 핵심적이며 컴퓨터산업에 견줄만한 엄청난 잠재력과 무한한 가능성을 지닌 분야인 합성생물학에 대해서 우리나라의 미래를 위해서라도 적절한 대비책을 강구해야 할 시기이다.

14.3.1 제2차 생명공학육성기본계획

우리나라 과학 기술에 있어서 bio 분야의 기본계획이 있다. 제1차 생명공학육성기본계획은 BioTech 2000으로써 2002년-2007년도에 추진되어졌고 이제 2007년-2016년까지 10년간의 제2차 생명공학육성기본계획이 과학기술부의 일환으로 확정되었다. BioVision 2016에서 보면 여러 가지 생명공학 육성을 위한 전략과 목표가 적시되어져 있지만 생명공학의 선진화와 새로이 떠오르고 있는 다학제 · 융합 영역에 있어서의 역량을 강화하기 위해서는 합성생물학 분야의 지속적인 투자와 지원이 필요하다는 것을 적시하고 있다. 실질적으로 과학기술부에서 운영함에 있어서 합성생물학 발전을 위한 명확한 로드맵을 수립하고 이에 따른 적절한 규모의 연구비가 지원되어져야 할 것이다. 이러한 로드맵에는 연구비의 지원이나 기본시설을 어떻게 구축할 것이냐 또는 학생과 연구원들을 어떻게 교육하고 훈련시킬 것이냐 그리고 합성생물학과 관련된 생물 안전성을 확보하는 전략은 무엇이냐 하는 등등을 명확하게 계획을 세워서 로드맵에 따라 합성생물학을 발전시켜야 할 것이다(그림 14.7).

전략 2 **연구개발 선진화 기반 확충**

과제-1	국가 생명공학 기초연구 역량의 선진화
기초·원천기반기술 분야, 차별화된 특성화가 가능한 분야, 미래 유망 기술 분야 등 국가 차원의 우선순위에 의거한 연구개발 추진	

□ 선진국 수준 기초·원천기술 기반 확충

○ 타 분야에 비해 지식집약성이 높은 생명공학의 특성을 반영, 창의적 기초·원천기술의 경쟁력을 지속적으로 제고

※ 예시 : 유전체·단백체, 생체네트워크, 뇌인지 등

※ 특허 중 기초과학논문인용빈도가 가장 높은 기술분야(EU, '03년)

□ 다학제·융합화 영역 등 신생 첨단기술에 대한 지원 강화

○ 융합·복합기술의 육성을 강화하고 미래 유망 신기술을 지속적으로 발굴하여 패러다임 변화에 따른 대응 강화

※ 예시 : 생체정보분석활용, 나노바이오소재, 합성생물학(Synthetic Biology) 등

그림 14.7 합성생물학 발전을 위한 로드맵

합성생물학의 인프라는 굉장히 많은 인프라를 필요로 하지만 국가적으로 봤을 때 가장 기본이 되는 인프라는 DNA 합성 부분이다. 현재 DNA 합성과 관련한 몇 개의 국내 회사들이 있지만 그 중에서 가장 대표적인 회사가 'Bioneer'라는 회사이다. Bioneer는 DNA 합성 능력이 엄청난데, John Mulligan이라고 하는 CEO가 Berkley에서 합성생물학이라는 강의 시간에 발표한 자료에 따르면 DNA 합성 회사의 CEO도 Bioneer를 대단한 회사로 인정하며 Bioneer의 DNA 합성 능력이 약 7.2톤의 원료를 만들고 있기 때문에 매일 20,000개의 올리고를 합성할 수 있다고 하였다. 20,000개의 올리고면 올리고당 20 염기만 치더라도 400 K이다. 그러면 세균의 가장 작은 최소유전체를 약 400 K로 보고 있고 현재 가장 작은 유전체를 가지고 있는 미생물을 800 K라고 볼 때 거의 하루에 하나 정도의 세균이 만들어질 수 있는 엄청난 양이라고 할 수 있다. 뿐만 아니라 이런 올리고를 바탕으로 해서 특별한 유전자 합성 서비스도 제공하고 있다. 그래서 우리나라의 DNA 합성 능력은 세계 수준이라고 할 수 있다. 이러한 국가적인 합성 능력을 잘 활용하기 위해서도 많은 연구자들이 연구비를 수혜 받아서 연구의 좋은 설계를 하여 합성을 의뢰하는 시대를 맞이해야 할 것이다(그림 14.8).

그림 14.8
기본시설
(John Mulligan, Berkley Synthetic Biology Class, April 5, 2006)

14.3.2 교육과 훈련 활동 (Education and Training Activities)

합성생물학은 기본적으로는 생물학에 기반을 두고 있지만 공학적 방법론이 도입되고 있고 뿐만 아니라 전자 계산학(전산학)적인 그리고 화학적인 또 통계학적인 많은 개념들이 필요하고 요구되고 있다. 생명과학 관련 학과 대학의 커리큘럼을 보면 대부분이 생물학적인 과목으로 채워져 있다. 이런 과목들만 공부해서는 앞으로의 합성생물학, 융합생명공학 분야에 두각을 나타낼 수 없을 것이다.

이러한 합성생물학을 포함한 융합 분야에서 앞으로 큰 능력을 발휘하기 위해서는 기초 분야에 대한 공부와 철저한 준비가 반드시 필요하다. 학생 스스로 하기에는 어려움이 있으므로 대학의 관련 학과 교육과정의 대대적인 수습이 필요한 시점이다. 그래서 주로 학부 학생들은 어떠한 변화에도 적응할 수 있는 마치 줄기세포와 같은 다양한 잠재능력을 가진 학생들을 배출해야 한다. 이를 위해서는 좀 더 기초적인 학문에 대한 강의와 교육이 필요하다. 이것은 과학기술부의 제2차 생명공학육성기본계획에도 적시되어 있다. 그러나 이러한 교육을 담당하고 있는 주최인 교육인적자원부에서도 이러한 상황에 대한 충분한 인식을 해야만 한다. 또한 이러한 교육과정뿐만 아니라 훈련과정도 필요할 것이다. 만약 올림픽을 위해서는 먼저 국가에서 인재들을 발굴하고 키워야 한다. 수학경시대회에 참가를 시키기 위해서는 국내에서 먼저 후보들을 선발하는 대회를 개최해야 할 것이다. 마찬가지로 iGEM과 유사한 kGEM과 같은 사업을 시작하여 관심 있는 많은 학생들의 능력을 개발하고 iGEM과 같은 좋은 대회에 나가서 우수한 성적을 내도록 도와주는 것이 우리나라의 합성생물학, 생명공학의 미래를 위해서 매우 중요한 일인 것이다.

14.3.3 한국합성생물학회(The Korean Society for Synthetic Biology)

아직 합성생물학은 매우 초보적인 단계에 있지만 이러한 중요성을 인식하고 있는 학자들이 모여서 하나의 큰 단체를 형성함으로써 좀 더 체계적인 그리고 좀 더 빠른 성장과 발전을 할 수 있을 것이다. 그래서 한국합성생물학회도 2005년도에 창립총회와 국제학술대회를 열면서 출범했다는 것에서 상당히 의미가 깊다. 이 때 심포지움뿐만 아니라 위크샵도 같이 진행 되었다(그림 14.9).

그림 14.9
한국합성생물학회
포스터 및 기념사진
Symposium [SynBio 2005]
Workshop [Slife 0.5]

14.4 생물안전성

많은 연구 사업을 출범 시켜야 하고 기반시설을 구축해야 하며 또 교육과 훈련에 매진을 해야 하는데 무엇보다도 중요한 것은 합성생물학 연구와 관련된 생물안전성에 대한 문제를 철저히 대비해야 한다는 것이다. 호주의 Ian Ramshaw 박사는 천연두 바이러스(smallpox virus)와 매우 유사하며, 생쥐에 감염될 수 있는 바이러스인 마우스팍스 바이러스(mousepox virus)를 합성유전자를 이용하여 유전자 조작을 하였다. 쥐나 토끼를 불임시키기 위한 피임용 백신을 개발할 목적으로 연구를 진행하였지만, 이 과정에서 IL-4 (면역억제제)라고 불리는 물질에 유전자를 첨가하여 IL-4를 가지고 있는 마우스팍스을 제작하였다. 이 마우스팍스는 굉장히 독성이 강하여 백신을 주사를 이용하여 예방 시킨 쥐도 60% 이상을 죽이는 맹독성을 나타내게 되었다. 이처럼 Ian Ramshaw는 본래 뜻했던 바와는 다른 굉장히 무서운 맹독성 바이러스를 만들게 되었는데 이렇게 만들어진 바이러스는 백신으로 주사한 예방된 쥐뿐만 아니라 항바이러스 약제를 투여한 쥐도 감염 시켜 죽일 수 있는 아주 병원성이 강한 바이러스가 나오게 된 것이다.

이 처럼 연구자는 합성생물학이 갖는 위험성을 항상 염두 하여야 한다. 현제 마우스팍스 바이러스와 비슷한 방법으로 우두 바이러스(cowpox virus)를 대상으로도 이런 변형된 실험을 시행하고 있는데 이 우두 바이러스는 소뿐만 아니라 사람에게도 감염될 수 있다는 점에서 더욱 큰 문제로 인식되고 있다.

이처럼 합성생물학적인 방법들은 양날의 칼과 같아서 이 기술을 잘못 사용한다면 생물테러(bioterror) 또는 생물전쟁(biowarfare)을 이용한 생물학적 전쟁에 사용될 위험성이 매우 높다(그림 14.10). 스페인독감을 복원 했듯이 이제 유전정보만을 가지고 있으면 이를 만들어 내는 것은 그다지 어렵지 않음을 알 수 있다. 예를 들어서, 현재 천연두 바이러스가 박멸이 되었다고는 하지만 그 서열을 알고 있는 이상 얼마든지 실험실에서 그 천연두 바이러스를 다시 복원해낼 수 있

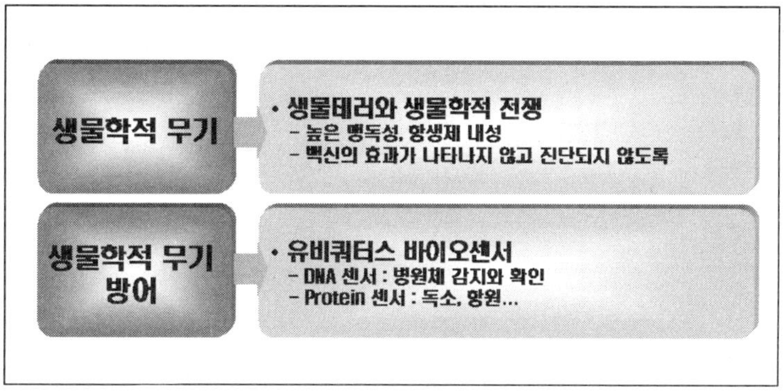

그림 14.10
합성생물학의 양면

을 뿐만 아니라 그 바이러스가 더욱 더 맹독성을 갖도록 변형을 할 수도 있게 되었고 또한 항생제 내성을 가지고 있어 치료가 되지 않는 생물학적 무기를 만들 수도 있다. 또한 예방 백신의 효과가 나타나지 않게 할 수도 있고, 진단이 되지 않게 함으로써 아무런 대책도 세울 수 없는 무시무시한 가공할만한 생물학적 무기를 제조할 가능성이 있다는 점에서 국가적 대비가 필요할 것이다.

14.4.1 생물안전성 대책

하지만 합성생물학을 좋은 방면에 이용한다면 결국에는 이러한 생물학적 무기를 방어(biodefense)하는 데에도 사용이 될 수 있을 것이다. 합성생물학의 영역은 굉장히 넓은데 그 중 하나의 영역이 바이오시스템을 만드는 것이다. 바이오시스템 중 하나가 유비쿼터스 바이오센서(ubiquotous biosensor, 언제 어디서나 간편하게 생물학적 무기 또는 생물체의 존재 유무를 감지할 수 있는 것)를 만드는 데에도 사용이 될 수 있다. 물론 DNA를 감지하는 DNA 센서나 독소와 같은 단백질을 감지하는 단백질 센서를 만드는 데도 활용이 될 수 있다. 우리가 이러한 좋은 기술들을 좋은 방향으로 잘 이용할 수 있도록 하기 위해서는 국가적으로 그리고 전 세계적으로 체계적인 대비책이 있어야 할 것이다.

이미 알려져 있는 굉장히 위험한 바이러스라든가 세균들을 합성해

낼 수 있을 뿐만 아니라 이를 변형하여 더 위험한 맹독성인 예를 들어서 면역체계를 벗어나고 항생제나 치료제에 대해서 면역성을 띄는 등등의 맹독성 생물체를 만들 수도 있을 것이다. 더욱이 지금까지는 없었던 새로운 것들도 만들어낼 수 있을 것이다. 이러한 나쁜 목적을 가진 의도된 결과물의 유형은 연구자가 의도하지 않았던 엄청난 유해요소도 있을 가능성이 있다. 왜냐하면 생물계는 매우 복잡해서 우리가 알고 있는 한 부분에 있어서는 좋은 방향으로 만들었지만 이것이 의외로 엄청난 나쁜 결과를 초래할 가능성이 있다는 점에서 생물안전성에 더욱 대비해야 한다.

이를 위해서는 합성생물학과 관련된 R&D가 굉장히 중요한데 이에 대해서 충분히 알지 못하고서는 충분한 대비책을 낼 수 없기 때문이다. 충분한 R&D에 대한 지원 뿐 아니라 적절한 법적, 제도적 장치를 만들어내서 효율적으로 운영하는 것도 매우 중요하다. 이러한 분야에 대해서 우리의 긍지를 모아가고 역량을 집결해서 발전을 시킨다면 우리나라의 미래는 밝을 것이다.

14.5 우리의 꿈

합성법의 막강한 힘에 대해 역설한 Feynman의 말을 인용한 바 있다. 우리가 정확하게 이해를 하고 있다면 그것을 만들 수 있을 것이고 만들지 못 한다면 그것에 대해 충분히 이해하고 있지 못하다는 것이다.

그러면 합성생물학 강의를 마치면서 우리가 꿈꾸는 새로운 바이오시스템을 만들어내기 위해서 Bernard Shaw의 말을 음미해 보자(그림 14.11). 보통 일반 사람들은 존재하는 사물을 보고 '그것이 왜 그럴까'하고 질문을 한다. 물론 이것이 과학의 발전에 있어서 가장 중요한 역할을 해왔던 원동력이 아닐 수 없다. 그러나 한 발 더 앞서 나가기 위해서는 Bernard Shaw와 같은 꿈이 필요할 것이다. Bernard Shaw는 불가능한, 현재에 있지 않은 불가능의 세계에 대해 꿈을 꾼다. 그리고는'왜 그걸 못하겠느냐'하고 반문을 한다. 우리가 지금 이루지 못한 커다란 꿈을 갖고 그 꿈을 반드시 이룰 수 있다는 확신을 가지고 합성생물학 공부에 매진하길 바란다(그림 14.11).

그림 14.11
Bernard Shaw

학습정리

1. 합성생물학의 발전을 위해서는 생체 내 및 시험관적 접근 방법이 모두 필요하다.
2. 미국이 현재 합성생물학을 선도하고 있으며, 뒤처지지 않기 위해서 EU는 다각적이고 체계적으로 지원책을 마련하고 있다.
3. 우리나라 합성생물학의 장래를 위하여 교육과정에 대한 대대적인 수술과 함께 합성생물학 발전을 위한 국가차원의 로드맵 수립과 이에 따른 적극적 지원이 절실하다.

참고문헌

14.1 합성생물학의 근간을 이루는 합성기술

Kobayashi, T., Mikami, S., Yokoyama, S., and Imataka, H. 2007. An improved cell-free system for picornavirus synthesis. *J. Virol. Methods* **142**: 182-188.

14.2 미국과 EU의 현황

http://mainlymartian.blogs.com/semijournal/2006/05/synthetic_biolo.html

http://openwetware.org/wiki/Synthetic_Biology:Synthetic_Biology_1.0/Schedule

Baker, E.J., Sanei, L.C., and Franklin, N. 2006. Early initiation of and exclusive breastfeeding in large-scale community-based programmes in Bolivia and Madagascar. *J. Health Popul. Nutr.* **24**: 530-539.

14.4 생물 안전성

Robbins, S.J., Jackson, R.J., Fenner, F., Beaton, S., Medveczky, J., Ramshaw, I.A., and Ramsay, A.J. 2005. The efficacy of cidofovir treatment of mice infected with ectromelia (mousepox) virus encoding interleukin-4. *Antiviral Res.* 66: 1-7.

색 인

저자 소개

대표저자 **김영창** (이학박사, 충북대 자연대 생명과학부 교수)

공동저자 **노동현** (농학박사, 충북대 자연대 생명과학부 부교수)

김용대 (의학박사, 충북대 의대 의학과 조교수)

김양훈 (공학박사, 충북대 자연대 생명과학부 전임강사)

합성생물학

저　자 : 김영창 노동현 김용대 김양훈
발행처 : 충북대학교 출판부
발행인 : 김수갑
주　소 : 28644 충북 청주시 서원구 충대로 1
전　화 : (043) 261-2952, 3014
팩　스 : (043) 274-1256
이메일 : presscbu@chungbuk.ac.kr
등　록 : 제1983-2001-7호
발행일 : 2008. 9. 1
초판3쇄: 2018. 10. 30
인쇄처 : 삼성디자인기획 042)221-3111

ISBN 978-89-7295-131-5

값 14,000 원